锡林郭勒奶酪品质评价

盈盈 韩梦琪 李坤娜 黄奕颖 付慧 著

 中国农业科学技术出版社

U0306363

图书在版编目（CIP）数据

锡林郭勒奶酪品质评价 / 盈盈等著. -- 北京： 中国农业科学技术出版社，2024.6
ISBN 978-7-5116-6861-5

Ⅰ.①锡… Ⅱ.①盈… Ⅲ.①奶酪—食用品质—锡林郭勒盟 Ⅳ.①TS252.53

中国国家版本馆CIP数据核字（2024）第110458号

责任编辑	陶　莲
责任校对	王　彦
责任印制	姜义伟　王思文

出 版 者	中国农业科学技术出版社
	北京市中关村南大街 12 号　　邮编：100081
电　　话	（010）82109705（编辑室）　（010）82106624（发行部）
	（010）82109709（读者服务部）
网　　址	https://castp.caas.cn
经 销 者	各地新华书店
印 刷 者	北京建宏印刷有限公司
开　　本	170 mm×240 mm　1/16
印　　张	9.25　彩插 2 面
字　　数	170 千字
版　　次	2024 年 6 月第 1 版　2024 年 6 月第 1 次印刷
定　　价	80.00 元

◀━━━◀ 版权所有·侵权必究 ▶━━━▶

《锡林郭勒奶酪品质评价》
作者名单

主　　著	盈　盈　韩梦琪　李坤娜　黄奕颖　付　慧
副 主 著	朝鲁孟　包玉山　旭仁其木格　云　颖　李润航
	张慧泽　徐文丽　降晓伟　刘洪林　赵志惠
	刘江英
参著人员	李国栋　敖志东　索琼玉　张晓宇　王天乐
	刘慧静　唐斯嘎　吴洪新　王文曦　刘宇宁
	王伟宏　甜　甜　卫　媛　张燕东　李欣欣
	张　涛　张燕雨　湖日尔　曹梓航　张鹤翔
	梁百川　李　薇
起草单位	中国农业科学院草原研究所
	锡林郭勒盟农牧业科学研究所
	内蒙古自治区农畜产品质量安全中心

随着《"十四五"奶业竞争力提升行动方案》的全面实施，以习近平新时代中国特色社会主义思想为指导，贯彻落实《国务院办公厅关于推进奶业振兴保障乳品质量安全的意见》和《农业农村部 发展改革委 科技部 工业和信息化部 财政部 商务部 卫生健康委 市场监管总局 银保监会关于进一步促进奶业振兴的若干意见》，按照《农业农村部关于加快推进品牌强农的意见》要求，我国奶业发展将为消费者提供更加优质、多元和更具竞争力的产品，助力实现奶类消费提档升级。随着奶类由"营养补给品"向"生活必需品"转变，我国奶类消费仍有较大增长空间。为发展中国特色的干乳品产业，让干乳品成为消费者餐桌上的新选择，锡林郭勒盟把提高奶酪消费作为扩大乳品消费的重要途径，积极响应落实国家和自治区政策要求，发布了《锡林郭勒盟民族传统奶制品产业发展规划（2021—2025）》，使锡林郭勒奶酪产业的发展得到了前所未有的政策支持。

内蒙古地区坚持推进质量兴农兴牧、绿色兴农兴牧、品牌强农强牧，推动农牧业向优质高效转型。锡林郭勒盟盟委、行署高度重视农畜产品品牌建设，以实施地标保护工程和开展区域公用品牌建设为抓手，通过顶层设计夯实基础，追溯系统管控品质，品牌传播展示形象，渠道建设提质增效，不断扩大包含锡林郭勒奶酪在内的农产品地理标志保护产品及区域公用品牌影响力。推动锡林郭勒奶酪产业发展，有利于优化我国乳制品消费结构、促进乳品产业协调

I

发展。鼓励支持本土奶酪产业发展壮大，对降低奶制品对外依存度，丰富国内乳制品消费品种，促进奶业振兴具有重要意义。

在锡林郭勒盟农牧局和锡林郭勒盟农牧业科学研究所关于"锡林郭勒奶酪品质评价"项目的支持下，中国农业科学院草原研究所深入研究了锡林郭勒奶酪的营养品质、风味物质及产地环境因子等。经过严谨的品质检测，总结出特征品质指标，系统评价了锡林郭勒奶酪的品质情况。这一系列研究工作的成果为本书提供了丰富的数据和理论支撑。我们期待通过本书的撰写，能够向广大读者展示锡林郭勒奶酪的独特魅力和价值，进一步提升锡林郭勒奶酪的品牌影响力和市场竞争力。

作　者

2024 年 5 月

目　录

第 1 章

概　述

1.1　锡林郭勒奶酪特征

奶酪，主要以牛乳、奶油、部分脱脂乳、酪乳或这些产品的混合物为原料，经凝乳并分离乳清而制得的新鲜或发酵成熟的乳制品。奶酪中含有丰富的营养成分，主要为乳蛋白和乳脂肪，其中的蛋白质经发酵成熟后，由于凝乳酶和微生物产生的蛋白分解酶的作用而形成胨、肽、氨基酸等可溶性物质，极易被人体消化吸收。此外，奶酪中还含有糖类、矿物质、维生素等多种营养成分及生物活性物质，具有极高的生物学价值，是公认的营养和功能性保健食品。同时，奶酪食用方便，符合目前快节奏的食品消费趋势，是近年来生产和消费量持续增长的少数几种乳制品之一。锡林郭勒奶酪主要是指牛乳经过自然发酵凝乳最终形成的一种食物，是一种多以凝乳酪蛋白为最终产品形式的高蛋白类乳制品，属于锡林郭勒地区特有的传统固体类奶制品，也是锡林郭勒地区蒙古族传统奶制品中非常重要的一类食品。

1.1.1　锡林郭勒奶酪地域特征

锡林郭勒盟位于蒙古族传统牧区，这里的奶制品主要由牛奶或羊奶制成，其中自然发酵制作的奶酪是传统发酵乳制品的代表之一，与酸奶有着相似的风味和营养价值，它在当地的生产和生活中一直占据着举足轻重的地位。锡林郭勒盟位于北纬 45°，拥有 19.2 万 km^2 广袤的天然草场，是中国四大草原之一。这片土地上生长着 1200 多种植物，其中中草药就有 426 种，为当地提供了丰富的自然资源和生态环境。锡林郭勒奶酪奶源属于世界黄金奶源地带的优质奶源，数百种优质牧草与药用植物及其天然放牧优势，为优质奶源提供了保障。牧草中丰富的营养元素，经奶牛采食转化后，鲜奶蛋白质含量可达 3.6% 以上、乳脂肪达到 4% 以上，高于全国优质奶含量，大幅提升了鲜奶的品质，保证了锡林郭勒奶酪独特的风味。经锡林郭勒草原天然鲜牛奶特有的天然菌群作用自然发酵后制成的奶制品，其味道鲜美、奶香浓郁、口感细腻、品质和风味独特、奶酪蛋白质含量在 26% 以上、钙的含量在 3.1% 以上。传统发酵奶酪深受牧民喜爱，它通过发酵过程去除了液态奶中的多余水分，同时保留了极高的营养价值，因此被誉为"乳制品之王"。

1.1.2　锡林郭勒奶酪历史特征

中国奶业历史悠久，源远流长，虽然无法确认第一次制作奶酪的时间与地点，但是，2014 年，在我国新疆罗布泊小河墓地，科学家们发现了公元前 1615 年的奶酪实物，距今已有 3600 多年，堪称世界上迄今发现的最古老的奶酪遗存。由此可知，中国奶酪制作至少始于夏末商初，是我国西部民族一种非常古老的奶食。可以肯定的是，中国是世界奶酪发祥地之一。锡林郭勒地区自古以来是诸多游牧民族的活动地带，他们在畜牧生产中逐渐创制了奶制品的多样加工技术，并赋予了其丰富的精神内涵。蒙古族人民作为集大成者，继承和发展了加工利用乳汁的传统方法，丰富和创新了草原游牧民族特色奶食。

元朝时期，蒙古人为了保存和利用牧场上的大量奶源，发明了一种将奶液凝固、脱水、风干的方法，制成了一种硬质的奶酪。这种奶酪不仅可以长期保存，而且富含营养。作为蒙古人的重要食物之一，锡林郭勒奶酪有如下几个特点：①口感鲜美，奶香浓郁，细腻柔滑，富含蛋白质、钙、乳酸菌等营养成分，有益于健康。②形状多样，有四方形、圆形、花形等各种模具，可以根据不同的节日和场合进行摆盘，增添美观和仪式感。③储存方便，可以风干或冷冻保存，随时食用。风干后的奶酪可以切片或切条，作为干粮携带，也可以烤制或煮制食用。④工艺传承，锡林郭勒奶酪的制作技艺源自于游牧民族对自然和食物的尊重和爱，经过世代相传，不断创新和完善，形成了独具特色的民族美食文化。锡林郭勒奶酪有着独特的风味和口感，既有奶香，又有微微的酸味和咸味。它的质地坚硬而脆，嚼起来有声音。锡林郭勒奶酪可以直接食用，也可以与其他食物搭配。锡林郭勒奶酪特别的制作工艺和口感让锡林郭勒奶酪传播开来，成为当地的名片，不仅是蒙古族人民的日常食品，也是节日佳肴和馈赠亲友的礼品。

1.1.3　锡林郭勒奶酪文化特征

除了其独特的制作工艺和口感，锡林郭勒奶酪还反映了当地蒙古族民族文化。在蒙古族生产生活中，奶制品一直是不可或缺的，被视为珍贵的营养来源和文化遗产。奶酪制作是传统技艺之一，精湛的制作工艺、丰富的口味和品种，都是当地蒙古族民族文化的重要组成部分。

锡林郭勒奶酪文化底蕴深厚、产品品质优良，传承了宫廷奶食品制作工艺，集结了草原精华，经过历史的发展，演变出了多种多样的产品形态，营养丰富、各具特色。元朝时期，锡林郭勒境内的察哈尔宫廷奶食，代表着当时奶制品制作技艺的至高境界。清朝时期，锡林郭勒正蓝旗就是皇宫白食的供应基地。依靠自然与牲畜生存的游牧民族认为自己与幼畜共享乳汁，由此视牲畜乳汁同母乳般珍贵、高尚、纯洁。人们崇尚洁白的乳汁及奶制品，寓意美好的象征。具体体现在风俗习惯中如奶制品保存与食用禁忌习俗，祭祀活动中奶食为贡品，社交中馈赠奶食，宴请均以奶食为开端。蒙古族传统风格的"礼仪奶酪"是蒙古族饮食礼仪中最神圣的一种，每逢重大节日、喜庆宴会或祝寿招待宾客时，首先要摆上"礼仪奶酪"让宾客品尝，以表敬重。"礼仪奶酪"又称"德吉"，意为"上、初"，拥有深厚的蒙古族传统饮食文化底蕴，象征丰收、喜庆、团圆、快乐、和谐及最美好的祝愿。游牧民族自古以来极其倡导人与自然生态的和谐共存，这个观念也在奶酪的制作和食用风俗中得以体现。长久的实践中，蒙古族根据草原生态环境、自然变化、牲畜习性、奶汁的质量和产量特征等特点，创制了获取奶汁、制作奶制品的工艺体系，充分体现了蒙古族奶食文化与自然环境、牲畜特征的协调性。

2019 年 8 月，锡林郭勒奶酪作为内蒙古的代表性非物质文化遗产，被列入国家级非物质文化遗产名录。这意味着锡郭勒奶酪的文化价值被更多人认可，锡林郭勒奶酪的历史和文化得到更广泛的传承和发扬。

1.1.4　锡林郭勒奶酪养生特征

游牧民族在漫长的采集、狩猎生活中观察到食物中一些种类具有特殊功能，在医食同源和医食合一的思想和实践中产生了饮食养生的意识形态。由于草原生态和游牧生产生活特点，蒙古族人民更注意饮食的保健作用，在长久的生活实践中人们总结出了奶制品类的医疗和保健作用。日常生活中人们用奶酪的特点来调节饮食，例如，摄入过多油腻的肉类食物后食用酸性的奶酪制品可以缓解油腻感。奶酪在生产中，大多数乳糖随着乳清排出，因此奶酪是乳糖不耐症者可选的营养食品之一。另外，奶酪中的乳酸菌及其代谢产物对人体有一定的保健作用，有利于维持人体肠道内正常菌群的稳定和平衡，防止便秘和腹泻。奶制品是食物补钙的最佳选择之一，奶酪更是含钙较多的奶制品之一，奶酪中钙容易被吸收。除此之外，奶酪可以增强人体抵抗疾病的能力，促进代谢，增强活力，保护眼睛健康并保护肌肤健美。奶酪中的脂肪和能量都比较高，但是其胆固醇含量较低，对心血管健康也有有利的一面。蒙医学更注意利用草原特色产品——奶制品的医疗保健作用。《简明蒙医手册》《四部医典》等蒙医学书中均记载了奶制品的医学作用。

1.2 锡林郭勒奶酪分类及食用保存方法

奶食品是蒙古族人民饮食之首位，蒙古语称"察干伊德"，意为白色的、纯洁的、崇高的食品。蒙古族奶食品主要源于牛、羊、马、骆驼的奶汁。牧民在游牧生活中，把不易储存的鲜奶，制作出种类繁多的奶食品。主要分为饮品和食品两大类，其中，饮品有鲜奶、酸奶、酸马奶、奶酒等，食品有奶酪、奶皮子、奶渣、稀奶油、黄油等。锡林郭勒奶酪采用了游牧民族传统技艺制作，利用原奶中的乳酸菌自然发酵后，加热至蛋白凝结，用简单的手法耐心搅拌，制作出历经岁月凝练的民族传统美味，世世代代食用，成为蒙古族人民最受欢迎的经典白食。锡林郭勒奶酪的特点是味道鲜美，奶香浓郁，口感细腻，富含蛋白质、钙和多种营养成分，是蒙古族饮食文化的代表之一。

1.2.1 锡林郭勒奶酪主要品种

锡林郭勒奶酪产品分为传统产品和延伸产品两种。传统锡林郭勒奶制产品有浩乳德（奶豆腐或奶酪）、毕希拉格（俗称熟奶豆腐）、酸酪蛋、楚拉

（俗称奶渣子）、乌日穆（奶皮子）、嚼克、希日陶苏（黄油）、图德、策格等20多种。在传统工艺基础上创新的延伸产品有风味奶酪、烤奶酪、煎奶酪、奶酪饼、奶酪酥、乳清糖、奶食糕点等50多种大众化休闲产品。其中，最常见的是四方形的奶豆腐，也有各种花形的奶酪，用于节日摆盘或礼品。锡林郭勒奶酪主要有以下几个特点。

浩乳德（奶豆腐或奶酪）：四方形为主，整体呈乳白色或微黄色，具有乳香味，微酸；凝固状态好、有弹性。浩乳德（奶豆腐或奶酪）是鲜乳凝乳后制成的一种奶酪，制成的奶酪装入具有不同形状、花纹的模具中定型，此类奶酪是锡林郭勒地区以及其他牧区最常见的传统奶酪。

楚拉：小块无固定形状，整体呈乳白色或微黄色，具有乳香味，微酸；质地均匀，稍硬。

毕希拉格：片状，整体浅褐色或黄褐色，具有浓郁乳香味；较硬。

酸酪蛋：片状或塔形，整体呈乳白色、微黄色或黄褐色，具有乳香味，微酸；质地均匀，稍硬。

1.2.2　锡林郭勒奶酪食用方法

锡林郭勒奶酪的食用方法多样，包括蒙古族的传统吃法，同时随着社会发展衍生出新的食用方法。蒙古族的传统吃法，一是新鲜奶酪切片直接食用或者泡在奶茶、肉粥里食用；二是半干奶酪煮茶里或者直接吃，也可以与炒米一同放在奶茶里食用，或者与奶嚼克搅拌加糖食用；三是全干奶酪当日常零食放在餐桌随时食用。除了蒙古族传统吃法，奶酪作为一种常用食品可以有多种吃法。一是单独烤了配餐吃，解冻后的奶酪片用烤箱150°烤3～4 min，软糯拉丝、乳香浓郁、香醇温润、配点心与茶；二是铺在面包片上烤，烤到表面微微金黄，软软的，可以拉出长长的丝，成为浓香醇厚的奶酪吐司；三是以奶豆腐为原料做成奶食包子、拔丝奶豆腐等食品。

要想充分品尝奶酪的美味，就要掌握奶酪的正确切法。奶酪的形状往往主宰了奶酪的裁切方式。盛盘上桌时，要尽量确保每一份都包括奶酪的中央和外皮。一些附有蜡质外层的奶酪必须切除外层才能享用。切奶酪的刀子必须保持干净锋利，用力一刀切下，以保持切口整齐。

1.2.3 奶酪的保存

随着奶酪不断地推陈出新，更需要妥善地储存以保持奶酪的风味和营养。尽量在要食用奶酪时才购买，这样有助于保持奶酪的美味和新鲜度。另外奶酪需要保存于干燥通风的地方，温度在 5～10 ℃。

奶酪必须包装妥当，以保持其风味，不应将奶酪与生食或未洗干净的食物如蔬菜等放置在一起，可以使用原包装纸、锡箔纸或蜡纸将奶酪包好（建议不要用保鲜袋）或使用塑料盒存放。食用前从冰箱里取出打开包装纸，放于室温至少 10 min（软及半硬奶酪需在室温解冻 30 min 以上；而硬奶酪则需在室温解冻 1 h），使之恢复原有的风味以及滑润口感。尽量在 2～3 周内吃完，未食用完的奶酪可以磨碎存放或加热熔解与通心粉拌在一起享用。

1.3 锡林郭勒奶酪制作工艺

锡林郭勒奶酪作为锡林郭勒盟特色奶食品之一，具有悠久的历史传承和广泛的认可度，是地方特色乳制品产业中的核心产品。锡林郭勒盟将锡林浩特市、镶黄旗、正蓝旗、阿巴嘎旗、苏尼特左旗、东乌珠穆沁旗、西乌珠穆沁旗、正镶白旗等 8 个地区设为传统奶制品主产区，主产区加工用奶量、奶制品产量及销售额均占全盟 95% 左右。锡林郭勒奶酪在保留传统生产加工技艺的基础上，向着规模化、规范化、多样化、标准化、大众化、市场化、精细化、高端化、现代化和国际化等多元化方向发展，逐渐成为锡林郭勒盟重要的富民产业。

1.3.1 西方奶酪制作工艺

国际上通常把西方奶酪分为：天然奶酪、融化奶酪（再制奶酪）和奶酪食品三大类。根据奶酪种类的不同，奶酪的加工工艺不同。天然奶酪的基本工艺流程为：原料乳→标准化→杀菌→冷却→添加发酵剂→发酵→调整酸度→加氯化钙→加色素→加凝乳剂→凝块切割→搅拌→加温→排除乳清→压榨成型→盐渍→成熟→上色挂蜡。再制奶酪的工艺流程为：成熟原料的选择→原料预处理→切割→粉碎→加水→加乳化剂→加色素→加热融化→浇灌包装→静置→冷却→检验→出厂。

1.3.2　锡林郭勒奶酪传统制作工艺

与西方奶酪相比，锡林郭勒奶酪的历史悠久、风味独特，在我国传统乳制品加工历史上占有重要地位，锡林郭勒奶酪以家庭作坊式制作为主，不加入商业发酵剂，采用自然发酵的方法，发酵剂菌株来自原料乳以及周围的环境。主要传统制作工艺如下。

1.3.2.1　挤奶

挤奶时要用稀奶油涂在手上和挤奶桶边。稀奶油可以起到润滑的作用，有效减少手部与奶牛乳头之间的摩擦，使得挤奶过程更加顺畅，避免对奶牛造成不适或疼痛；此外，涂抹稀奶油可以在一定程度上隔绝手部与牛奶的直接接触，减少细菌和其他污染物进入牛奶的可能性，从而保证牛奶的纯净度和品质。

1.3.2.2　发酵

牛奶中的乳酸菌可在适当的温度和条件下进行发酵，产生乳酸和其他有益的代谢产物。这个过程不仅可以增加牛奶的风味和营养价值，还可以延长其保质期。夏季由于温度较高，发酵速度较快，通常需要 2 d 左右的时间；而冬季温度较低，发酵速度较慢，可能需要 3 d 左右的时间。在发酵过程中，需要定期检查牛奶的状态，确保其按照预期进行发酵，并及时调整环境条件以满足发酵需求。

1.3.2.3　去稀奶油

发酵好的牛奶表面会形成一层稀奶油（乳脂层），这层稀奶油是由牛奶中的脂肪在发酵过程中上升并聚集形成的。取干净勺子，边缘尽量平滑，用勺子轻轻撇取稀奶油，确保不会带起下面的酸奶，收集的稀奶油可以单独食用或制作黄油等其他产品。

1.3.2.4　加热凝结

此步骤是制作奶酪关键步骤之一，主要是将发酵后的牛奶（酸奶）中的水分和乳清分离出来，以形成制作奶酪的原料。酸奶倒入干净的锅中用小火慢慢加热，一边加热一边撇去分离出来的乳清水质。乳清水质要分离干净，才能保证奶酪的口感筋道。

1.3.2.5　搅拌成型

当牛奶完全凝结成胶质状时，用木棍不停搅拌成均匀的胶质状，并使其进一步脱水，形成奶酪的质地。当完全凝结成胶质状时，使用勺子或其他搅拌工具，不停地搅拌，使凝结的牛奶均匀分散，避免出现结块或气泡。搅拌的力度和手法会影响奶酪的口感，因此需要保持适当的力度和均匀的搅拌方式。搅拌完成后，把胶质感的鲜奶酪放在四方形或其他形状的模具里，压实晾干。

1.3.2.6　食用储藏

模具中的奶酪放在阴凉处经几个小时风干后，就可以脱模切片食用。若需要长期保存奶酪，可以将其放入冷冻室冷冻储藏，或将其晾晒成半干或干奶酪。冷冻储藏可以延长奶酪的保质期，而晾晒则可以使奶酪更加干燥和易于保存。在食用前，可以根据需要将奶酪切片或切碎，并搭配其他食材一起食用。无论选择哪种保存和食用方式，都需要注意奶酪的保存条件，避免其受潮、变质或受到污染。同时，也要注意适量食用，以享受奶酪的美味和营养。

1.3.3　新地标指引下的锡林郭勒奶酪制作工艺

锡林郭勒奶酪地理标志证明商标划定了地域保护范围，包括锡林郭勒盟所辖锡林浩特市、正蓝旗、正镶白旗、镶黄旗、阿巴嘎旗、苏尼特左旗、苏尼特右旗、东乌珠穆沁旗、西乌珠穆沁旗、太仆寺旗共计 10 个旗（市）29个镇（苏木）。地理坐标为东经 $112°36'\sim120°36'$，北纬 $42°32'\sim46°41'$，主要包括奶豆腐、楚拉、毕希拉格、酸酪蛋等产品；制定了《蒙古族传统奶制品浩乳德（奶豆腐）生产工艺规范》（DB15/T 1984—2020）、《蒙古族传统奶制品 毕希拉格生产工艺规范》（DB15/T 1985—2020）、《蒙古族传统奶制品 楚拉生产工艺规范》（DB15/T 1986—2020）、《蒙古族传统奶制品 阿尔沁浩乳德（酸酪蛋）生产工艺规范》（DB15/T 1987—2020）等多个地方标准。所用的原料奶为《食品安全国家标准生乳》（GB 19301—2010）中要求的牛、羊、马或驼等动物挤出或采集并经过初步处理后未经任何加工处理或仅经过简单处理（如冷却）而保持其原有性质和组成的乳液。地方标准明确规定了这 4 种奶酪的术语定义、基本要求、生产工艺管理、包装和贮存、运输。

1.3.3.1　浩乳德（奶豆腐）

净乳：生鲜乳经称量，用净乳机或食品级滤袋净乳后，倒入清洗干净的发酵容器中。

发酵：于室温自然静态发酵或接种［呼仁格（引子）］发酵，至产生凝乳现象（酸度：66 ～ 72 ℃T）。

部分脱脂：经静置分离撇去上浮乳脂，进行部分脱脂。

加热：将发酵的凝乳置于锅中，低温加热至 40 ～ 60 ℃，至凝乳块与乳清分离。

排乳清：凝乳加热过程中析出大量乳清，用器具将乳清排出。

凝乳块乳化：加热至 85 ～ 90 ℃后，不断揉搅凝乳块，并不断地排出析出的乳清，使凝乳块成形（拉伸性较好）。

装模成型：将凝乳块放入模具中，冷却成型直接食用；也可制作成所需形状。

晾干：在常温或室温，通风的环境下晾干。

1.3.3.2　毕希拉格

净乳：生鲜乳经称量，用净乳机或食品级滤袋净乳后，倒入清洗干净的发酵容器中。

发酵：于室温自然静态发酵或接种［呼仁格（引子）］发酵，至产生凝乳现象（酸度：66 ～ 72 ℃T）。

部分脱脂：经静置分离撇去上浮乳脂，进行部分脱脂。

加热：①将发酵的凝乳置于锅中，低温加热至 40 ～ 50 ℃，至凝乳块与乳清分离。②将制作乌乳穆（奶皮子）剩余熟奶置于锅中，低温加热至 40 ～ 50 ℃，加入酸奶或酸乳清调制酸度，使其凝结，继续加温至凝乳块与乳清分离。

排乳清：将凝乳块装入食品级滤布袋，用重物或压泵排乳清。

成型：将经过紧压成较硬固体状的凝乳块取出，制作成所需形状。

晾干：在常温或室温通风的环境下晾干。

1.3.3.3 楚拉

净乳：生鲜乳经称量，用净乳机或食品级滤袋净乳后，倒入清洗干净的发酵容器中。

发酵：于室温自然静态发酵或接种［呼仁格（引子）］发酵，至产生凝乳现象（酸度：66～72 °T）。

部分脱脂：经静置分离撇去上浮乳脂，进行部分脱脂。

加热：将发酵的凝乳置于锅中，低温加热至 40～60 ℃，至凝乳块与乳清分离。

排乳清：将凝乳块装入食品级滤袋，用重物或压泵排乳清。

成型：将经过紧压成固体状的凝乳块取出，制作成所需形状。

晾干：在常温或室温通风的环境下晾干。

1.3.3.4 酸酪蛋

净乳：生鲜乳经称量，用净乳机或食品级滤袋净乳后，倒入清洗干净的发酵罐中。

接种：在发酵罐中，接种 10%～15% 的已发酵成熟的呼仁格（引子），用少量牛奶培养呼仁格（引子），使其发酵成熟。

发酵：在 18～22 ℃室温条件下，接种 10%～15% 成熟的艾日格（引子）于装有鲜奶的发酵罐或于装有一定比例的鲜奶和乳清的发酵罐中进行发酵，发酵期间频繁捣搅，使其成熟。

加热煮沸：①加热至 90 ℃左右，降温至 40～50 ℃，装入食品级滤袋。②将剩余嚓嘎（煮沸的熟艾日格称嚓嘎）温度降至 50 ℃左右，装入食品级滤袋。

排乳清：将滤袋用重物或压泵排乳清。

成型：将紧压成型的大块酸酪取出，制作成所需形状。

晾干：在常温或室温通风的环境下晾干。

4 种不同锡林郭勒奶酪生产工艺接近，主要差别在于发酵与否。

（1）净乳：用净乳机或者食品级滤袋净乳后，倒入清洗干净的发酵容器中。

（2）接种（仅酸酪蛋）：在发酵罐中，接种 10%～15% 呼仁格（引子），用少量牛奶培养呼仁格（引子），使其发酵成熟，只有酸酪蛋有此步骤。

（3）发酵：于室温自然静态发酵或接种［呼仁格（引子）］发酵，至产生凝乳现象。奶豆腐、毕希拉格、楚拉产生凝乳达到的酸度为 66 ～ 72 °T。酸酪蛋的发酵步骤，需要接种后在 18 ～ 22 ℃室温条件下，接种 10% ～ 15% 成熟的艾日格（引子）于装有一定比例的鲜奶和乳清的发酵罐中进行发酵，发酵期间频繁捣搅，使其成熟。

（4）部分脱脂：奶豆腐、毕希拉格、楚拉在发酵完成后，静置分离、撇去上浮乳脂，进行部分脱脂。

（5）加热：4 种奶酪加热温度和过程有所不同。奶豆腐和楚拉在生产过程中将发酵的凝乳置于锅中，加热至 40 ～ 60 ℃，至凝乳块与乳清分离。毕希拉格是将发酵的凝乳置于锅中，加热至 40 ～ 50 ℃，将制作乌乳穆（奶皮子）剩余熟奶置于锅中，加热至 40 ～ 50 ℃，加入酸奶或酸乳清调制酸度，使其凝结，继续加温至凝乳块与乳清分离。酸酪蛋需要加热煮沸，加热至90 ℃左右，降温至 40 ～ 50 ℃，装入食品级滤袋，再将剩余嚓嘎（煮沸的熟艾日格）温度降至 50 ℃，加入滤袋中。

（6）排乳清：将滤袋用重物或压泵排乳清。

（7）凝乳块成型：奶豆腐成凝乳块后，放入模具或直接食用。毕希拉格、楚拉经过紧压成固体状的凝乳块后取出来，制作成所需的形状。

（8）晾干：在常温或室温，通风的环境下晾干。

与西方奶酪相比较，锡林郭勒奶酪采用自然发酵的方法，发酵菌株来自原料乳以及周围的环境，这些菌株赋予了奶制品特殊的风味和质地，锡林郭勒奶酪也提供了一个很好的本土微生物资源库；同时锡林郭勒奶酪后熟过程短，因此其强烈风味物质少，风味柔和，不像西方奶酪的风味强烈，更易于被国人接受。

1.4　锡林郭勒奶酪营养价值

锡林郭勒奶酪味道清淡柔和，富含多种人体所需的营养成分，营养价值较高，含有大量的蛋白质、脂肪酸、维生素、钙、磷及矿物元素。锡林郭勒奶酪每百克中所含蛋白质占成年人每日蛋白质需求量的 35% ～ 40%，氨基酸比例平衡，必需氨基酸含量较高，脂肪酸含量较高，尤其是不饱和脂肪酸含量高，是老人小孩补充钙、磷、锌等元素的优良食物，可补充人体各种必需营养。

1.4.1　锡林郭勒奶酪营养特性

浩乳德（奶豆腐）是我国传统奶酪中较为典型的一类产品，以牛奶为原料制作而成，其脂肪含量（风干基础：14.02%±0.44%）较低，蛋白质含量（风干基础：66.09%±4.16%）却很高，酪蛋白含量占牛奶蛋白质含量的80%，其氨基酸比例平衡，必需氨基酸含量占氨基酸总量的36.10%～37.75%，是一种优质蛋白质来源，消化率接近100%。毕希拉格营养成分非常丰富，它是奶中多种营养成分的浓缩精华。制作工艺的特殊性，使牛奶中大部分蛋白质、脂肪、脂溶性维生素和矿物质都在毕希拉格中保留下来。毕希拉格所含蛋白质是鲜牛奶的8倍，含钙量是鲜牛奶的6～7倍。毕希拉格中富含的脂肪，为脂溶性维生素的吸收利用提供了必需的营养成分。毕希拉格在其制作加工过程中，经过微生物发酵，蛋白质降解，排除乳清和乳糖等多道工序，使其营养成分更有利机体的吸收。楚拉因在制作过程中使用文火，因此能很好地保存乳中蛋白质等多种营养物质，减少营养成分流失，蛋白质含量为48%～65%。

锡林郭勒奶酪一直受到蒙古族人民和游客的喜爱，已成为蒙古族人民必需食物之一。锡林郭勒奶酪不仅含有大量营养成分和特色风味营养物质，还具有丰富的益生菌资源，对营养保健功能食品和商业发酵菌剂的研发具有巨大帮助。

1.4.2　锡林郭勒奶酪微生物的多样性

在锡林郭勒奶酪的传统发酵过程中，微生物群落具有复杂多样性。这些微生物之间不仅存在微妙的相互作用，它们对代谢产物的精细调控更是奶酪风味独特、香气浓郁、质地细腻、保质期长久以及独特功能特性的关键所在。锡林郭勒奶酪因制作工艺、地域不同，其微生物菌群结构和风味也有较大差别。在锡林郭勒奶酪的发酵与成熟过程中，核心微生物菌群扮演着至关重要的角色，它们在很大程度上决定了奶酪最终风味的形成。奶酪成熟阶段的微生物菌群演替与风味物质的代谢变化紧密相联，相互影响，共同塑造着奶酪的独特风味。然而，当前手工奶酪的制作过程缺乏系统化的生产流程，多数步骤仍依赖于工匠的丰富经验和直觉。奶酪经过长时间的发酵和加工后，会自然晾晒在竹匾上进行后续的成熟过程。这种传统的制作方式虽然保留了奶酪的原始风味，但由于受到外界环境因素和加工方式的多重影响，奶酪的代谢物质会呈现出较大的波动。值得注意的是，不同的发酵方式会对奶酪中的关键微生物及其核心功能产生显著影响，进而影响奶酪风味的生成。同时，奶酪在不同成熟阶段所呈现的微生物菌群结构与其风味等代谢物的形成紧密相关，这一点对于理解和控制奶酪的品质至关重要。

1.4.3　锡林郭勒奶酪风味及特征物质

风味是奶酪品质的基本属性，奶酪风味是大量风味物质和芳香性物质比例平衡的结果，风味与奶酪的质地和感官体验相辅相成，共同决定了奶酪的整体食用品质。奶酪中的风味成分主要受到原料乳以及成熟过程中代谢作用下代谢产物的影响。首先，原料乳的品质直接关系到奶酪的基础风味。原料乳中的脂肪、蛋白质、糖类等成分是奶酪风味形成的基础物质。这些成分在奶酪制作过程中，经过微生物的发酵和代谢作用，会转化为各种风味物质，从而赋予奶酪独特的香味。其次，奶酪的成熟过程是风味形成的关键阶段。在成熟过程中，奶酪中的蛋白质、脂肪和糖类等成分在微生物和酶的作用下，发生复杂的生化反应，产生大量的风味物质。这些风味物质在奶酪中相互作用、相互融合，形成了奶酪独特而复杂的风味。这些风味化合物大多属于有机物，主要包括酸、酯、醇、醛、酮、酚等，其中有些成分只有一部分能够赋予奶酪香味。奶酪中的芳香物质合成途径主要为：碳水化合物代谢、蛋白质代谢和脂肪代谢。蛋白质代谢又分为初级代谢（蛋白质水解、肽水解）和次级代谢（游离氨基酸降解为风味物质），其中初级代谢主要形成奶酪的苦味和背景风味，次级代谢对奶酪期望风味的形成至关重要。在主要的代谢途径中脂肪和碳水化合物代谢较为重要，脂肪分解对于奶酪的风味和质构有重要影响，奶酪中的牛乳脂肪在脂酶的作用下分解产生脂肪酸，脂肪酸经过代谢会转化成其他的芳香组分。奶酪中碳水化合物代谢主要由乳糖和柠檬酸盐组成，乳糖在微生物的作用下，经糖酵解途径产生乳酸，乳酸又可以产生其他风味物质提升奶酪的品质。

奶酪风味是影响奶酪质量的关键因素，奶酪风味物质主要包括原料乳的风味化合物，以及乳成分被酶与微生物代谢作用产生的代谢产物。奶酪风味物质的形成是一个复杂和多化学反应的过程，不仅有化学反应，还包括菌种内部的生化反应，其过程主要包括 4 个经典反应：酪蛋白的酶解、脂肪脂解、乳糖的糖酵解以及柠檬酸代谢。奶酪风味物质主要由呈味组分和挥发性风味组分两部分组成。

奶酪的呈味组分主要是水溶性组分等非挥发性风味物质，主要包括乳酸、氨基酸和多肽、游离脂肪酸中的中等链长脂肪酸（C14以上的脂肪酸）、矿物质盐（如氯化钠）等，它与奶酪风味的强烈程度有关，主要影响奶酪的口感；奶酪中的非挥发性风味物质主要来源于：乳酸代谢、柠檬酸代谢生成乙酸、二乙酸（草酸）、乳酸；蛋白降解生成缩氨酸、氨基酸和肽类等；脂肪水解产物、游离脂肪酸和有机酸等。

奶酪的挥发性风味组分可分为：酸类（乙酸、丙酸、丁酸、己酸等 C2～C14的脂肪酸）、酯类（乙酸乙酯、丁酸乙酯、癸酸乙酯等乙酯类化合物）、醛类（3-甲基-正丁醛、2-甲基-正丁醛、苯甲醛、苯乙醛）、醇类（1-丁醇、3-甲基-1-丁醇、苯乙醇）、酮类（甲基酮，如2-庚酮、2-壬酮、2-丁酮）、硫化物（二硫化物、甲硫醇、呋喃类化合物）。挥发性风味物质的主要来源于：原料乳中固有的，如丁酸等；酪蛋白的转化、脂肪的脂解（酶解）或氧化，生成脂肪酸，游离氨基酸、少量缩氨酸、酯类等；乳糖代谢、脂肪酸代谢、氨基酸代谢，或其他物质降解或转化，生成醇、醛、酮、酯类物质，含硫化合物等。

1.5 锡林郭勒奶酪发展机遇与挑战

习近平总书记强调，走质量兴农之路，要突出农业品牌化，做好"特"字文章，打造高品质、有口碑的农业"金字招牌"。2021年发布的《农业生产"三品一标"提升行动实施方案》及2022年初发布的《"十四五"全国农产品质量安全提升规划》，都涉及农业生产"三品一标"——品种培育、品质提升、品牌打造、标准化生产。锡林郭勒地区地处世界黄金奶源带，奶牛存栏、牛奶产量以及加工能力均居全国首位。在奶源基地规划和布局方面，锡林郭勒成为内蒙古地区建设黄河流域、嫩江流域、西辽河流域、呼伦贝尔草原和锡林郭勒草原五大奶源基地之一。建设大基地、大牧场，实施种养加一体化的同时，鼓励以混合所有制形式建设奶源基地和牧场，支持农牧民以土地、奶牛、资金入股建设，探索政府建设基地、企业租赁新模式。

近年来，在国家、自治区"奶业振兴"政策引导和"大力发展地方特色乳制品产业"号召下，锡林郭勒盟依托资源优势，将奶酪产业作为造福万千牧民的富民工程来培育，全力打造锡林郭勒奶酪区域公用品牌，着力打造中国人自己的奶酪品牌，推动产业转型升级。为深入贯彻落实国家、自治区和锡林郭勒盟委行署关于奶业振兴决策部署和政策措施，扎实推进锡林郭勒盟地方特色乳制品产业高质量发展，出台了一系列相关政策，包括自治区政府办公厅《关于推动地方特色乳制品产业发展若干措施的通知》（内政办发〔2022〕4 号）、《内蒙古自治区推进奶业振兴九条政策措施的通知》（内政办发〔2022〕18 号）以及行署《关于促进全盟民族传统奶制品产业发展的实施意见》（锡署发〔2020〕46 号）、《锡林郭勒盟地方特色乳制品产业发展 2023年度工作方案》等政策文件。在习近平新时代中国特色社会主义思想的指引下，锡林郭勒盟在深入贯彻习近平总书记关于"要下决心把奶业做强做优"的重要指示，以推动农牧民增收、实现奶业振兴为目标，积极利用地方特色与旅游文化，重点发展优质奶源基地建设、产业提档升级以及锡林郭勒奶酪区域公用品牌建设，全面推动全盟地方特色乳制品产业的规模化、高质化、专业化发展。

1.5.1　发展机遇

地理位置与资源优势：锡林郭勒地区地处世界黄金奶源带，奶牛存栏、牛奶产量以及加工能力均居全国首位，为奶酪产业的发展提供了得天独厚的优势。

政策扶持：近年来，国家和自治区出台了一系列政策，包括"奶业振兴"政策、"大力发展地方特色乳制品产业"号召等，为锡林郭勒奶酪产业的发展提供了强大的政策支持。这些政策涵盖了奶源基地建设、标准化改造、产品研发升级、监管体系建设等多个方面，为锡林郭勒奶酪产业的发展注入了强大的动力。

品牌建设：锡林郭勒盟全力打造锡林郭勒奶酪区域公用品牌建设，着力打造中国人自己的奶酪品牌，这有助于提高锡林郭勒奶酪的知名度和影响力，吸引更多消费者。

市场需求：随着人们生活水平的提高，消费者对高品质、有特色的食品需求不断增加。锡林郭勒奶酪以其独特的口感和品质，深受消费者喜爱，市场前景广阔。

1.5.2　面临挑战

市场竞争：随着奶酪市场的不断发展，国内外品牌竞争日益激烈。锡林郭勒奶酪需要在品质、口感、包装等方面不断创新和提升，以满足消费者的需求。

原材料成本：奶牛养殖成本、饲料成本等原材料成本的不断上涨，给锡林郭勒奶酪的生产带来了压力。需要采取有效措施降低成本，提高生产效率。

质量控制：奶酪作为一种高营养、易腐败的食品，其质量控制尤为重要。锡林郭勒奶酪需要在生产、加工、储存等各个环节加强质量控制，确保产品的安全性和品质。

宣传推广：尽管锡林郭勒奶酪的品质和口感得到了消费者的认可，但在宣传推广方面仍有待加强。需要加大宣传力度，提高品牌知名度和影响力。

针对机遇与挑战，锡林郭勒奶酪产业应当加大科技投入，提高生产效率和产品品质。通过引进先进技术和设备，实现生产自动化、智能化，降低生产成本；同时加强产品研发和创新，推出更多符合消费者需求的新产品。加强品牌建设和宣传推广，通过打造独具特色的品牌形象和故事背景，提高品牌知名度和美誉度；同时加强与媒体、网络等渠道的合作，扩大品牌影响力和市场覆盖面。加强质量监管和保障体系建设，建立健全质量管理体系和检验检测机制，确保产品的安全性和品质；同时加强原料来源和供应商管理，确保原材料的质量和安全。拓展销售渠道和市场，通过线上线下相结合的方式，拓展销售渠道和市场；同时加强与国内外合作伙伴的合作和交流，拓展国际市场和海外市场。

锡林郭勒奶酪地理标志农产品保护工程，确保了这一宝贵文化遗产的延续，同时规范和提升了锡林郭勒奶酪的生产加工质量，推动产业的健康发展，对于锡林郭勒奶酪产业升级、市场竞争力提高、农牧业增效及农牧民增收意义重大。2020 年 6 月，锡林郭勒盟出台《关于促进全盟民族传统奶制品产业发展的实施意见》，从加强优质奶源基地建设、提升民族传统奶制品生产加工水平、加强民族传统奶制品质量体系建设、加大政策扶持等几个方面对传统奶制品健康发展制定了具体规划。2021 年，民族传统奶制品产业发展被纳入锡林郭勒盟"十四五"规划，编制了《锡林郭勒盟民族传统奶制品产业发展规划（2021—2025）》，从奶源建设、乳业发展、市场推广、质量追溯、标准认证、区域品牌建设与授权使用、打假维权等方面，明确产业发展目标、发展布局和重点任务，扎实推进民族奶制品产业发展。为加快实施奶业振兴战略，全面推进锡林郭勒奶酪产业高质量发展，2021年初，由锡林郭勒盟传统乳制品协会牵头起草了《锡盟民族传统奶制品产业发展2021年工作计划》，进一步细化了各地区各部门的工作任务，明确了推进重点和责任分工，为全盟传统奶制品产业发展指明方向。锡林郭勒盟编制了锡林郭勒奶酪区域公用品牌战略规划，制定出台品牌使用管理办法、地方特色乳制品团体标准等一系列配套制度措施，高起点、高标准、高水平推动锡林郭勒奶酪区域公用品牌建设，推出了"锡林郭勒奶酪——中国人自己的奶酪"品牌口号。锡林郭勒奶酪区域公用品牌建设工作启动以来，通过谋划顶层设计、完善管理制度、加强知识产权保护、构建品控体系、开展品牌宣传、拓展销售渠道等一系列措施，取得了积极成效。为保证品牌顶层设计落地落实，夯实品牌运营管理基础，出台《锡林郭勒奶酪区域公用品牌建设工作方案》《锡林郭勒奶酪区域公用品牌和地理标志证明商标授权使用管理办法（试行）》等一系列配套制度措施，更好地指导品牌建设和授权运营工作。2023年，经过全盟筛选，向6家奶酪生产企业、11家小作坊授权使用锡林郭勒奶酪区域公用品牌，同时作为锡林郭勒奶酪地理标志证明商标使用企业，上报国家知识产权局进行了备案。为了贯彻落实2020年自治区一号文件"打造企业品牌和农畜产品品牌、培育区域公用品牌"的要求，举办"锡林郭勒奶酪"品牌发布会，修订完善品牌管理各项制度，完成区域公用品牌授权。开展"第四届锡林郭勒奶酪品鉴评选"活动，在锡林浩特市举办地方特色乳制品展示展销会和产业高质量发展论坛。积极拓展品牌产品销售渠道。抓好呼和浩特市奶酪品牌官方专营店建设，乳制品入驻京东旗舰店等线上平台销售。鼓励锡林郭勒盟内各重点景区开设锡林郭勒奶酪销售专区，进行销售。

　　锡林郭勒奶酪公共区域品牌的构建，在一定程度上增强了消费者乳制品消费信心，多途径扩大了乳制品消费规模。坚持政府、企业、社会共同发力，采取媒体宣传、品牌推介、消费者体验等多种方式，形成全方位、立体化整体宣传效应，提振消费者信心，扩大消费市场。加大奶业公益宣传，普及巴氏杀菌乳、灭菌乳、发酵乳、奶酪等乳制品营养知识，倡导科学饮奶，引导健康消费。降低乳制品企业加工门槛，支持牧场办加工。释放政策红利，放宽乳品加工准入政策与准入限制，让牧场能够加工并生产具有地域特色的乳制品，延长产业链，增加价值链，增强抗市场风险能力。紧扣奶业高质量发展主题，以推进供给侧结构性改革为主线，以提质增效为目标，坚持市场导向，注重科技支撑，狠抓品牌塑造，加强宣传推介，激发企业品牌创建的积极性和创造性，培育一批奶业知名品牌，不断提高奶业发展质量效益和竞争力，推动我国从奶业大国向奶业强国转变。

以锡林郭勒奶酪美食为核心，创新推出锡林郭勒奶酪产品，充分展现锡林郭勒奶酪在传承中不断创新的产业发展方向，推广锡林郭勒奶酪多种食用方式，推动传统奶制品持续健康发展，打造锡林郭勒盟首家奶酪产业旅游园区品牌，形成产业聚合力。锡林郭勒奶酪相继获得国家农产品地理标志登记和国家地理标志证明商标注册，深受广大消费者认可。锡林郭勒羊、锡林郭勒奶酪区域公用品牌成功入围 2023 年中国畜牧地理标志区域公用品牌声誉前 100 位，分别排序第 16、第 24。

目前，对于锡林郭勒奶酪品质特性缺乏系统的调查和普查，对各类奶酪品质数据掌握不足，不能为品牌培育、品质提升、品牌打造和标准化生产提供数据支撑，尚未挖掘各类奶酪有效特征指标，使得好产品品质特征无法在标准中体现，无法实现优质农产品的品牌监管和保障。中国农业科学院草原研究所在锡林郭勒盟农牧局和锡林郭勒盟农牧业科学研究所关于"锡林郭勒奶酪品质评价"项目的支持下，深入研究了锡林郭勒奶酪的营养品质、风味物质及产地环境因子等。经过严谨的品质检测，总结出特征品质指标，系统评价了锡林郭勒奶酪的品质情况。这一系列研究工作的成果为本书提供了丰富的数据和理论支撑。

在品质检测方面，本书特别关注了奶酪的蛋白质、脂肪、矿物质以及维生素等营养成分的含量和比例。通过科学的方法进行检测，发现锡林郭勒奶酪在这些方面均表现出色，具有非常高的营养价值。此外，本书还对锡林郭勒奶酪的风味物质进行了深入研究。通过气相色谱－质谱联用技术（GC–MS）等先进的分析方法，成功鉴定出了奶酪中特有的风味化合物，这些化合物赋予了锡林郭勒奶酪独特的风味。同时，本书也探讨了奶牛原奶、牧草品质、水源产地环境因子与锡林郭勒奶酪品质之间关联性。在接下来的章节中，我们将以这些数据为基础，系统评价锡林郭勒奶酪的品质情况，并深入挖掘其独特之处。我们希望通过这些研究成果的展示，能够让更多读者了解和认识锡林郭勒奶酪，进一步提升其品牌影响力和市场竞争力。

第 2 章

锡林郭勒奶酪采样、检测、结果概述

2.1 样本采集

本项目共收集奶豆腐、毕希拉格、楚拉、酸酪蛋、原料奶、牧草样本、水源样共 7 种类型样品，其中，奶豆腐 36 批次、毕希拉格 25 批次、楚拉 33 批次、酸酪蛋 14 批次，原料奶 18 批次、牧草 18 批次、水源 18 批次，共 162 批次。覆盖锡林郭勒盟 1 个市、8 个旗级行政区，其中，正蓝旗 19 批次样本、正镶白旗 20 批次样本、镶黄旗 20 批次样本、苏尼特左旗 18 批次样本、苏尼特右旗 17 批次样本、阿巴嘎旗 18 批次样本、西乌珠穆沁旗 16 批次样本、东乌珠穆沁旗 16 批次样本、锡林浩特市 18 批次样本，具体如表 2-1 所示。采集的原料奶、草样、土样及其水样为奶酪采集点牧户或养殖场奶牛的鲜奶样、土样及其水样，采集时间为 2022 年 4—5 月。

表 2-1 锡林郭勒盟奶酪、原料奶及其环境样本数统计　　单位：个

旗名称	奶豆腐	毕希拉格	楚拉	酸酪蛋	原料奶	牧草样本	水源样本	合计
正蓝旗	5	2	4	2	2	2	2	19
正镶白旗	4	4	4	2	2	2	2	20
镶黄旗	4	4	4	2	2	2	2	20
苏尼特左旗	4	3	4	2	2	2	1	18
苏尼特右旗	4	3	4	—	2	2	2	17

续表

旗名称	奶豆腐	毕希拉格	楚拉	酸酪蛋	原料奶	牧草样本	水源样本	合计
阿巴嘎旗	3	3	4	2	2	2	2	18
西乌珠穆沁旗	4	2	2	3	2	1	2	16
东乌珠穆沁旗	4	2	4	—	2	2	2	16
锡林浩特市	4	2	3	1	2	3	3	18
合计	36	25	33	14	18	18	18	162

注：部分旗县因其地域特色，毕希拉格、楚拉和酸酪蛋样本采集数量较少；—表示未采集到样本。

2.2 检测方法及其主要仪器

2.2.1 奶酪的检测

采集的奶酪样品（奶豆腐、毕希拉格、楚拉、酸酪蛋）粉碎后，储存于 –20 ℃，用于测定营养品质。

参照《食品安全国家标准　食品中脂肪酸的测定》（GB 5009.168—2016）、《食品安全国家标准　食品中氨基酸的测定》（GB 5009.124—2016）、《乳及乳制品中乳糖的测定　酶－比色法》（NY/T 1422—2007）、《食品安全国家标准　食品中灰分的测定》（GB 5009.4—2016）、《食品安全国家标准食品中蛋白质的测定》（GB 5009.5—2016）、《食品安全国家标准　食品中钙的测定》（GB 5009.92—2016）、《食品安全国家标准　食品中维生素 A、D、E 的测定》（GB 5009.82—2016）等方法检测奶酪营养品质，无标准参考的指标测定参考国内外研究性论文。

2.2.2 原料奶的检测

原料奶采集后，需冷链运输放入 4 ℃冰箱，并于 48 h 内完成检测。

参照《牛乳脂肪、蛋白质、乳糖、总固体的快速测定红外光谱法》（NY/T

2659—2014）、《食品安全国家标准　食品中维生素 B_1 的测定》（GB 5009.84—
2016）、《食品安全国家标准　食品中维生素 B_2 的测定》（GB 5009.85—2016）、
《食品安全国家标准　食品中维生素 B_1 的测定》（GB 5009.84—2016）、《食品安
全国家标准　食品中脂肪酸的测定》（GB 5009.168—2016）、《食品安全国家标
准　食品中氨基酸的测定》（GB 5009.124—2016）、《食品安全国家标准　食品
中水分的测定》（GB 5009.3—2016）等方法检测原料奶的营养品质。

2.2.3　草样的检测

采集的草样，经过 65 ℃风干后，粉碎过筛，放入自封袋中常温保存
待测。

参照《饲料中水分的测定》（GB/T 6435—2014）、《饲料中粗灰分的测
定》（GB/T 6438—2007/ISO 5984：2002）、《饲料中粗蛋白的测定　凯氏定氮
法》（GB/T 6432—2018）、《食品安全国家标准　食品中多元素的测定》（GB/
T 5009.268—2016）、《饲料中粗脂肪的测定》（GB/T 6433—2006）、《食品
安全国家标准　食品中维生素 A、D、E 的测定》（GB/T 5009.82—2016）、
《饲料中粗灰分的测定》（GB/T 6438—2007）、《饲料中硒的测定》（GB/T
13883—2008）、《饲料中中性洗涤纤维含量的测定　聚酯网袋法》（DB37/T
3372—2018）、《青贮饲料质量检测使用手册》等方法。

2.2.4　水样的检测

采集的水样，放置于样品瓶中 4 ℃保存待测。

参照《电导率的测定（电导仪法）》（SL 78—1994）、《水质 pH 值的测定
玻璃电极法》（GB/T 6920—1986）、《生活饮用水标准检验方法　第 6 部分：
金属和类金属指标》（GB/T 5750.6—2023）等方法。

2.2.5　主要仪器

全自动凯式定氮仪（FOSS 8420）、电导仪（METTLER TOLEDO FE38）、
纤维分析仪（Ankom）、气相色谱仪（日本岛津公司 GC-2010 plus）、全谱直
读等离子体发射光谱仪 ICP（利曼 prodigy）、原子荧光分光光度计（北京吉天
仪器 AFS-9230）、电子天平（梅特勒 - 托利多，XS204）、紫外可见分光光度

计（日本岛津，UV-2450）、微波灰化系统（CEM phoenix）、全自动氨基酸分析仪（德国塞卡姆 S433D）、烘箱（THERMOFISHER OMH180-S）、高效液相色谱仪（Alliance e2695）、超高压液相色谱仪（美国 Waters I class）等。

2.3 检测结果

2.3.1 奶酪检测结果

本研究针对锡林郭勒盟 4 种奶酪中的 5 种常规营养成分（乳糖、蛋白质、脂肪、干物质、灰分）、17 种氨基酸、37 种脂肪酸、10 种矿物元素、4种维生素等 73 项指标进行了检测，现对所有检测结果进行总体概述。

2.3.1.1 奶酪常规营养成分

锡林郭勒奶豆腐常规营养成分含量如表 2-2 所示。其中，干物质含量最高，平均值为 45.38%；其次为蛋白质含量，平均值为 31.54%；灰分含量最低，平均值为 1.83%。粗脂肪在各产地中的变化最大，变异系数为 34.03%，干物质含量在各产地中的变化最小，变异系数为 9.21%。

表 2-2 奶豆腐常规营养成分　　　　　　　　　单位：%

项目	平均值	标准差	极小值	极大值	变异系数
乳糖	2.79	0.73	0.73	5.14	26.28
蛋白质	31.54	4.21	4.21	45.95	13.34
脂肪	10.41	3.54	0.57	18.76	34.03
干物质	45.38	4.18	4.18	59.53	9.21
灰分	1.83	0.45	0.45	3.52	24.81

锡林郭勒盟毕希拉格常规营养成分含量如表 2-3 所示。其中，干物质含量最高，平均值为 82.77%；其次为蛋白质含量，平均值为 58.44%；灰分含量最低，平均值为 2.82%。粗脂肪在各产地中的变化最大，变异系数为 39.63%，干物质含量在各产地中的变化最小，变异系数为 12.06%。

表 2–3 毕希拉格常规营养成分 单位：%

项目	平均值	标准差	极小值	极大值	变异系数
乳糖	3.47	1.25	0.64	5.55	35.89
蛋白质	58.44	7.94	36.70	71.53	13.59
脂肪	22.42	8.89	1.77	38.33	39.63
干物质	82.77	9.98	44.61	90.40	12.06
灰分	2.82	0.60	1.89	3.84	21.41

楚拉常规营养成分含量如表 2–4 所示。其中，干物质含量最高，平均值为 84.37%；其次为蛋白质含量，平均值为 56.85%；灰分含量最低，平均值为 2.70%。乳糖在各产地中的变化最大，变异系数为 56.81%，干物质含量在各产地中的变化最小，变异系数为 6.81%。

表 2–4 楚拉常规营养成分 单位：%

项目	平均值	标准差	极小值	极大值	变异系数
乳糖	5.23	2.97	0.40	10.74	56.81
蛋白质	56.85	8.56	24.21	71.90	15.06
脂肪	22.11	6.76	8.60	34.96	30.57
干物质	84.37	5.74	68.28	92.04	6.81
灰分	2.70	0.60	1.65	4.14	22.35

酸酪蛋常规营养成分含量如表 2–5 所示。其中，干物质含量最高，平均值为 79.49%；其次为蛋白质含量，平均值为 36.87%；灰分含量和乳糖含量较多，平均值分别为 2.67% 和 2.26%。乳糖含量在各产地中的变化最大，变异系数为 61.66%，其次为脂肪和蛋白质，变异系数分别为 45.97% 和 42.92%。干物质含量在各产地中的变化最小，变异系数为 16.71%。

表 2–5 酸酪蛋常规营养成分 单位：%

项目	平均值	标准差	极小值	极大值	变异系数
乳糖	2.26	1.40	0.12	5.01	61.66
蛋白质	36.87	15.82	18.20	59.07	42.92
脂肪	33.52	15.41	12.46	54.51	45.97
干物质	79.49	13.28	41.10	92.24	16.71
灰分	2.67	0.58	1.83	3.73	21.79

2.3.1.2 奶酪氨基酸成分

利用全自动氨基酸分析仪测定了 4 种奶酪中的 17 种氨基酸成分。

奶豆腐中的氨基酸平均含量如表 2-6 所示。其中，谷氨酸含量最高，平均值为 6.26%；其次为脯氨酸和亮氨酸，平均值分别为 2.66% 和 2.56%；半胱氨酸含量最低，平均值为 0.15%。氨基酸变化差异均在 11.42% ～ 18.33%，变化差异最明显的为半胱氨酸，变化最小的为脯氨酸。

表 2-6　奶豆腐氨基酸成分　　　　　　单位：%

项目	平均值	标准差	极小值	极大值	变异系数
苏氨酸	1.12	0.16	0.16	1.67	13.85
缬氨酸	1.76	0.23	0.23	2.64	13.08
蛋氨酸	0.78	0.11	0.11	1.17	14.26
异亮氨酸	1.37	0.18	0.18	2.07	13.16
亮氨酸	2.56	0.34	0.34	3.86	13.41
苯丙氨酸	1.39	0.19	0.19	2.08	13.48
赖氨酸	1.85	0.29	0.29	2.81	15.71
组氨酸	0.91	0.11	0.11	1.34	12.58
半胱氨酸	0.15	0.03	0.03	0.25	18.33
酪氨酸	1.53	0.22	0.22	2.28	14.51
丝氨酸	1.53	0.21	0.21	2.28	13.57
谷氨酸	6.26	0.84	0.84	9.33	13.43
脯氨酸	2.66	0.30	0.30	3.24	11.42
甘氨酸	0.51	0.07	0.07	0.76	14.05
丙氨酸	0.83	0.11	0.11	1.25	13.74
天冬氨酸	1.97	0.27	0.27	2.99	13.64
精氨酸	0.85	0.12	0.12	1.29	14.51

毕希拉格中的氨基酸平均含量如表 2-7 所示。其中，谷氨酸含量最高，平均值为 11.52%；其次为脯氨酸和亮氨酸，平均值分别为 4.84% 和 4.64%；半胱氨酸含量最低，平均值为 0.29%。氨基酸变化差异均在 16.70% ～ 20.67%，变化差异最明显的为半胱氨酸，变化最小的为组氨酸。

表 2-7 毕希拉格氨基酸成分　　　　　单位：%

项目	平均值	标准差	极小值	极大值	变异系数
苏氨酸	2.04	0.36	0.98	2.43	17.60
缬氨酸	3.26	0.59	1.62	3.89	18.04
蛋氨酸	1.41	0.24	0.70	1.73	17.21
异亮氨酸	2.50	0.43	1.21	3.01	17.21
亮氨酸	4.64	0.80	2.27	5.65	17.22
苯丙氨酸	2.57	0.45	1.24	3.21	17.56
赖氨酸	3.54	0.65	1.74	4.57	18.34
组氨酸	1.64	0.27	0.81	1.98	16.70
半胱氨酸	0.29	0.06	0.13	0.39	20.67
酪氨酸	2.83	0.50	1.43	3.45	17.54
丝氨酸	2.74	0.48	1.33	3.27	17.56
谷氨酸	11.52	2.00	5.64	13.59	17.37
脯氨酸	4.84	0.87	2.36	5.93	17.96
甘氨酸	0.97	0.17	0.48	1.15	17.26
丙氨酸	1.79	0.34	0.92	2.27	18.88
天冬氨酸	3.59	0.62	1.75	4.31	17.19
精氨酸	1.70	0.31	0.88	2.04	18.06

楚拉中的氨基酸平均含量如表 2-8 所示。其中，谷氨酸含量最高，平均值为 11.97%；其次为脯氨酸和亮氨酸，平均值分别为 4.91% 和 4.82%；半胱氨酸含量最低，平均值为 0.31%。氨基酸变化差异均在 11.86% ～ 18.34%，变化差异最明显的为半胱氨酸，变化最小的为组氨酸。

表 2-8 楚拉氨基酸成分　　　　　单位：%

项目	平均值	标准差	极小值	极大值	变异系数
苏氨酸	2.06	0.29	1.22	2.64	14.26
缬氨酸	3.44	0.43	2.69	4.40	12.55
蛋氨酸	1.45	0.22	1.14	2.18	15.23
异亮氨酸	2.59	0.32	2.03	3.31	12.55
亮氨酸	4.82	0.60	3.82	6.15	12.38

续表

项目	平均值	标准差	极小值	极大值	变异系数
苯丙氨酸	2.66	0.32	2.08	3.33	12.15
赖氨酸	3.65	0.50	2.83	4.68	13.63
组氨酸	1.73	0.20	1.37	2.14	11.86
半胱氨酸	0.31	0.06	0.19	0.43	18.34
酪氨酸	2.90	0.37	2.25	3.66	12.74
丝氨酸	2.84	0.35	2.21	3.61	12.41
谷氨酸	11.97	1.49	9.50	15.28	12.44
脯氨酸	4.91	0.61	3.78	6.58	12.47
甘氨酸	1.02	0.13	0.76	1.30	12.59
丙氨酸	1.94	0.26	1.33	2.51	13.65
天冬氨酸	3.73	0.46	2.96	4.71	12.25
精氨酸	1.81	0.23	1.43	2.32	12.79

　　酸酪蛋中 17 种氨基酸平均含量如表 2-9 所示。其中，谷氨酸含量最高，平均值为 7.27%；其次为亮氨酸，平均值为 3.44%；半胱氨酸含量最低，平均值为 0.28%。酸酪蛋中氨基酸变化差异较大，变异系数在 24.88% ～ 54.35%，变化差异最明显的为脯氨酸，变化最小的为丙氨酸。

表 2-9　酸酪蛋氨基酸成分　　　　　　单位：%

项目	平均值	标准差	极小值	极大值	变异系数
苏氨酸	1.43	0.44	0.87	2.10	30.81
缬氨酸	2.20	0.85	1.02	3.42	38.64
蛋氨酸	0.88	0.35	0.40	1.38	39.17
异亮氨酸	1.74	0.59	0.95	2.58	33.76
亮氨酸	3.44	1.09	2.03	5.12	31.71
苯丙氨酸	1.64	0.68	0.70	2.60	41.72
赖氨酸	2.68	0.85	1.54	4.06	31.74
组氨酸	1.08	0.42	0.50	1.68	39.22
半胱氨酸	0.28	0.08	0.11	0.39	27.02
酪氨酸	1.71	0.76	0.69	2.79	44.28

续表

项目	平均值	标准差	极小值	极大值	变异系数
丝氨酸	1.77	0.68	0.77	2.70	38.36
谷氨酸	7.27	2.97	3.29	11.44	40.85
脯氨酸	2.49	1.35	0.38	4.08	54.35
甘氨酸	0.70	0.23	0.41	1.05	32.85
丙氨酸	1.39	0.35	0.80	1.93	24.88
天冬氨酸	2.90	0.78	1.72	4.10	27.06
精氨酸	1.11	0.47	0.47	1.76	42.03

2.3.1.3　奶酪中脂肪酸成分

本次利用气相色谱分析仪共测定 4 种奶酪中的 37 种脂肪酸的含量，包括 17 种饱和脂肪酸与 20 种不饱和脂肪酸。

奶豆腐中的脂肪酸总体成分含量如表 2-10 所示。奶豆腐平均总脂肪酸含量为 9.796%，样品中含量大于 0.01% 的脂肪酸分别为丁酸（C4:0）、己酸（C6:0）、辛酸（C8:0）、癸酸（C10:0）、月桂酸（C12:0）、肉豆蔻酸（C14:0）、十五碳酸（C15:0）、棕榈酸（C16:0）、十七碳酸（C17:0）、硬脂酸（C18:0）、花生酸（C20:0）、肉豆蔻烯酸（C14:1）、棕榈油酸（C16:1）、顺 -10- 十七碳一烯酸（C17:1）、反式油酸（C18:1n9t）、油酸（C18:1n9c）、亚油酸（C18:2n6c）、亚麻酸（18:3n3）等 18 种脂肪酸。其中，棕榈酸（C16:0）占总脂肪酸比例最高，为 31.46%；其次分别为油酸（C18:1n9c）、硬脂酸（C18:0）和肉豆蔻酸（C14:0），占比分别为 27.03%、13.75% 和 11.18%。根据表 2-11 结果所示，奶豆腐中不同脂肪酸含量差异较大，变异系数范围在 25.986% ~ 46.910%，变化差异最明显的为月桂酸（C12:0），变化最小的为硬脂酸（C18:0）。

表 2-10　奶豆腐脂肪酸含量　　　　　　单位：%

项目	鲜样中含量	总脂肪酸中含量	项目	鲜样中含量	总脂肪酸中含量
总脂肪酸	9.796	100.000	顺 -10- 十五碳一烯酸（C15:1）	0.000	0.000
丁酸（C4:0）	0.211	2.150	顺 -9- 十六碳一烯酸（C16:1）	0.158	1.610

项目	鲜样中含量	总脂肪酸中含量	项目	鲜样中含量	总脂肪酸中含量
己酸（C6：0）	0.069	0.700	顺 -10- 十七碳一烯酸（C17：1）	0.020	0.200
辛酸（C8：0）	0.039	0.400	反 -9- 十八碳一烯酸（C18：1n9t）	0.271	2.770
癸酸（C10：0）	0.146	1.490	顺 -9- 十八碳一烯酸（C18：1n9c）	2.648	27.030
十一碳酸（C11：0）	0.000	0.000	顺 -11- 二十碳一烯酸（C20：1）	0.000	0.000
十二碳酸（C12：0）	0.213	2.170	顺 -13- 二十二碳一烯酸（C22：1n9）	0.000	0.000
十三碳酸（C13：0）	0.000	0.000	顺 -15- 二十四碳一烯酸（C24：1）	0.000	0.000
十四碳酸（C14：0）	1.095	11.180	反 , 反 -9,12- 十八碳二烯酸（C18：2n6t）	0.000	0.000
十五碳酸（C15：0）	0.086	0.880	顺 , 顺 -9,12- 十八碳二烯酸（C18：2n6c）	0.204	2.080
十六碳酸（C16：0）	3.082	31.460	顺 , 顺 -11,14- 二十碳二烯酸（C20：2）	0.000	0.000
十七碳酸（C17：0）	0.077	0.790	顺 -13,16- 二十二碳二烯酸（C22：2）	0.000	0.000
十八碳酸（C18：0）	1.347	13.750	顺 , 顺 , 顺 -6,9,12- 十八碳三烯酸（C18：3n6）	0.000	0.000
二十碳酸（C20：0）	0.022	0.220	顺 , 顺 , 顺 -9,12,15- 十八碳三烯酸（C18：3n3）	0.020	0.200
二十一碳酸（C21：0）	0.000	0.000	顺 , 顺 , 顺 -8,11,14- 二十碳三烯酸（C20：3n6）	0.000	0.000
二十二碳酸（C22：0）	0.000	0.000	顺 -11,14,17- 二十碳三烯酸（C20：3n3）	0.000	0.000
二十三碳酸（C23：0）	0.000	0.000	顺 -5,8,1,1,14- 二十碳四烯酸（C20：4n6）	0.000	0.000

续表

项目	鲜样中含量	总脂肪酸中含量	项目	鲜样中含量	总脂肪酸中含量
二十四碳酸（C24：0）	0.000	0.000	顺 –5,8,11,1,4,17– 二十碳五烯酸（C20：5n3）	0.000	0.000
顺 –9– 十四碳一烯酸（C14：1）	0.059	0.600	顺 –4,7,10,13,16,19– 二十二碳六烯酸（C22：6n3）	0.000	0.000

注：丁酸，俗名酪酸；己酸，俗名羊油酸；辛酸，俗名羊脂酸；癸酸，俗名羊蜡酸；十二烷酸，俗名月桂酸；十四烷酸，俗名肉豆蔻酸；十六烷酸，俗名棕榈酸；十八烷酸，俗名硬脂酸；二十烷酸，俗名花生酸；二十二烷酸，俗名山嵛酸；二十四烷酸，俗名木焦油酸；二十六烷酸，俗名蜡酸；二十八烷酸，俗名褐煤酸；三十烷酸，俗名蜂花酸；三十二烷酸，俗名紫胶蜡酸；顺 –9– 十六碳一烯酸，俗名棕榈油酸；顺 –9– 十六碳一烯酸，俗名油酸；顺 –11– 十八碳一烯酸，俗名异油酸；顺 –13– 二十二碳一烯酸，俗名顺芥子酸；顺 –15– 二十四碳一烯酸，俗名神经酸；顺 –9,12– 十八碳二烯酸，俗名亚油酸；顺 –9,12,15– 十八碳三烯酸，俗名 α– 亚麻酸；顺 –6,9,12– 十八碳三烯酸，俗名 γ– 亚麻酸；顺 –5,8,11,14– 二十碳四烯酸，俗名花生四烯酸；顺 –,7,10,13,16,19– 二十二碳五烯酸，俗名鳝鱼酸；顺 9,反 11,反 13– 十八碳三烯酸，俗名 α– 桐酸；全书同。

表 2–11　奶豆腐脂肪酸成分（含量 >0.01%）　　　　单位：%

项目	平均值	标准差	极小值	极大值	变异系数
丁酸（C4：0）	0.211	0.065	0.065	0.378	30.619
己酸（C6：0）	0.069	0.023	0.013	0.121	33.677
辛酸（C8：0）	0.039	0.018	0.000	0.095	45.617
癸酸（C10：0）	0.146	0.067	0.000	0.342	45.880
十二碳酸（C12：0）	0.213	0.100	0.058	0.445	46.910
十四碳酸（C14：0）	1.095	0.331	0.331	1.789	30.269
十五碳酸（C15：0）	0.086	0.037	0.013	0.161	43.278
十六碳酸（C16：0）	3.082	0.868	0.868	5.309	28.172
十七碳酸（C17：0）	0.077	0.020	0.020	0.126	26.465
十八碳酸（C18：0）	1.347	0.350	0.350	2.293	25.986
二十碳酸（C20：0）	0.022	0.007	0.007	0.043	31.057
顺 –9– 十四碳一烯酸（C14：1）	0.059	0.021	0.020	0.105	34.852
顺 –9– 十六碳一烯酸（C16：1）	0.158	0.051	0.051	0.275	31.924
顺 –10– 十七碳一烯酸（C17：1）	0.020	0.007	0.007	0.041	34.744

续表

项目	平均值	标准差	极小值	极大值	变异系数
反 -9- 十八碳一烯酸（C18：1n9t）	0.271	0.090	0.090	0.453	33.330
顺 -9- 十八碳一烯酸（C18：1n9c）	2.648	0.710	0.710	4.641	26.798
顺，顺 -9,12- 十八碳二烯酸（C18：2n6c）	0.204	0.054	0.054	0.371	26.715
顺，顺，顺 -9,12,15- 十八碳三烯酸（C18：3n3）	0.020	0.008	0.007	0.050	41.553
总脂肪酸	9.796	2.562	2.562	16.416	26.148
不饱和脂肪酸	3.380	0.886	0.886	5.826	26.038
多不饱和脂肪酸	3.143	0.068	0.068	0.449	27.623

毕希拉格中的脂肪酸总体成分含量如表 2-12 所示。毕希拉格平均总脂肪酸含量为 20.580%，样品中含量大于 0.01% 的脂肪酸分别为丁酸（C4：0）、己酸（C6：0）、辛酸（C8：0）、癸酸（C10：0）、月桂酸（C12：0）、肉豆蔻酸（C14：0）、十五碳酸（C15：0）、棕榈酸（C16：0）、十七碳酸（C17：0）、硬脂酸（C18：0）、花生酸（C20：0）、肉豆蔻烯酸（C14：1）、棕榈油酸（C16：1）、顺 -10- 十七碳一烯酸（C17：1）、反式油酸（C18：1n9t）、油酸（C18：1n9c）、反式亚油酸（C18：2n6t）、亚油酸（C18：2n6c）、亚麻酸（18：3n3）、顺，顺，顺 -8,11,14- 二十碳三烯酸（C20：3n6）、顺 -5,8,1,1,14- 二十碳四烯酸（C20：4n6）、顺 -5,8,11,1,4,17- 二十碳五烯酸（C20：5n3）、顺 -4,7,10,13,16,19- 二十二碳六烯酸（C22：6n3）等 23 种脂肪酸。其中，棕榈酸（C16：0）占总脂肪酸比例最高，为 30.580%；其次分别为油酸（C18：1n9c）、硬脂酸（C18：0）和肉豆蔻酸（C14：0），占比分别为 25.630%、12.990% 和 11.460%。根据表 2-13 结果所示，毕希拉格中不同脂肪酸含量差异较大，变异系数范围在 33.991% ～ 91.591%，变化差异最明显的为顺 -11- 二十碳 - 烯酸（C20：1），变化最小的为丁酸（C4：0）。

表 2-12　毕希拉格脂肪酸含量　　单位：%

项目	鲜样中含量	总脂肪酸中含量	项目	鲜样中含量	总脂肪酸中含量
总脂肪酸	20.580	100.000	顺 -10- 十五碳一烯酸（C15：1）	0.000	0.000
丁酸（C4：0）	0.372	1.810	顺 -9- 十六碳一烯酸（C16：1）	0.385	1.870

续表

项目	鲜样中含量	总脂肪酸中含量	项目	鲜样中含量	总脂肪酸中含量
己酸（C6：0）	0.179	0.870	顺 -10- 十七碳一烯酸（C17：1）	0.050	0.240
辛酸（C8：0）	0.121	0.590	反 -9- 十八碳一烯酸（C18：1n9t）	0.661	3.210
癸酸（C10：0）	0.419	2.040	顺 -9- 十八碳一烯酸（C18：1n9c）	5.275	25.630
十一碳酸（C11：0）	0.000	0.000	顺 -11- 二十碳一烯酸（C20：1）	0.037	0.180
十二碳酸（C12：0）	0.521	2.530	顺 -13- 二十二碳一烯酸（C22：1n9）	0.000	0.000
十三碳酸（C13：0）	0.000	0.000	顺 -15- 二十四碳一烯酸（C24：1）	0.000	0.000
十四碳酸（C14：0）	2.358	11.460	反，反 -9,12- 十八碳二烯酸（C18：2n6t）	0.025	0.120
十五碳酸（C15：0）	0.191	0.930	顺，顺 -9,12- 十八碳二烯酸（C18：2n6c）	0.480	2.330
十六碳酸（C16：0）	6.294	30.580	顺，顺 -11,14- 二十碳二烯酸（C20：2）	0.000	0.000
十七碳酸（C17：0）	0.153	0.740	顺 -13,16- 二十二碳二烯酸（C22：2）	0.000	0.000
十八碳酸（C18：0）	2.674	12.990	顺，顺，顺 -6,9,12- 十八碳三烯酸（C18：3n6）	0.018	0.090
二十碳酸（C20：0）	0.043	0.210	顺，顺，顺 -9,12,15- 十八碳三烯酸（C18：3n3）	0.100	0.490
二十一碳酸（C21：0）	0.000	0.000	顺，顺，顺 -8,11,14- 二十碳三烯酸（C20：3n6）	0.018	0.090
二十二碳酸（C22：0）	0.000	0.000	顺 -11,14,17- 二十碳三烯酸（C20：3n3）	0.000	0.000
二十三碳酸（C23：0）	0.000	0.000	顺 -5,8,1,1,14- 二十碳四烯酸（C20：4n6）	0.027	0.130

续表

项目	鲜样中含量	总脂肪酸中含量	项目	鲜样中含量	总脂肪酸中含量
二十四碳酸（C24：0）	0.000	0.000	顺 –5,8,11,1,4,17– 二十碳五烯酸（C20：5n3）	0.000	0.000
顺 –9– 十四碳一烯酸（C14：1）	0.176	0.860	顺 –4,7,10,13,16,19– 二十二碳六烯酸（C22：6n3）	0.000	0.000

表 2–13　毕希拉格脂肪酸成分概述（含量 >0.01%）　　　单位：%

项目	平均值	标准差	极小值	极大值	变异系数
丁酸（C4：0）	0.372	0.126	0.138	0.595	33.991
己酸（C6：0）	0.179	0.082	0.000	0.297	45.674
辛酸（C8：0）	0.121	0.061	0.000	0.216	50.232
癸酸（C10：0）	0.419	0.202	0.036	0.771	48.299
十二碳酸（C12：0）	0.521	0.256	0.051	1.045	49.181
十四碳酸（C14：0）	2.358	0.997	0.263	3.999	42.297
十五碳酸（C15：0）	0.191	0.085	0.007	0.370	44.416
十六碳酸（C16：0）	6.294	2.444	0.940	10.463	38.822
十七碳酸（C17：0）	0.153	0.059	0.025	0.302	38.810
十八碳酸（C18：0）	2.674	0.987	0.479	4.305	36.910
二十碳酸（C20：0）	0.043	0.019	0.000	0.079	44.203
顺 –9– 十四碳一烯酸（C14：1）	0.176	0.089	0.013	0.350	50.437
顺 –9– 十六碳一烯酸（C16：1）	0.385	0.163	0.012	0.713	42.298
顺 –10– 十七碳一烯酸（C17：1）	0.050	0.025	0.007	0.127	51.170
顺 –11– 二十碳一烯酸（C20：1）	0.037	0.034	0.000	0.120	91.591
反 –9– 十八碳一烯酸（C18：1n9t）	0.661	0.262	0.073	1.082	39.689
顺 –9– 十八碳一烯酸（C18：1n9c）	5.275	1.941	0.839	8.994	36.795
反,反 –9,12– 十八碳二烯酸（C18：2n6t）	0.025	0.012	0.000	0.052	47.804
顺,顺 –9,12– 十八碳二烯酸（C18：2n6c）	0.480	0.220	0.061	0.928	45.842
顺,顺,顺 –9,12,15– 十八碳三烯酸（C18：3n3）	0.100	0.069	0.009	0.240	69.144

续表

项目	平均值	标准差	极小值	极大值	变异系数
顺, 顺, 顺 -8,11,14- 二十碳三烯酸（C20∶3n6）	0.018	0.008	0.000	0.031	45.740
顺 -5,8,1,1,14- 二十碳四烯酸（C20∶4n6）	0.027	0.019	0.000	0.096	70.080
总脂肪酸	20.577	7.780	2.950	33.750	37.820
不饱和脂肪酸	7.252	2.690	1.010	12.130	37.170
多不饱和脂肪酸	6.604	0.290	0.070	1.230	44.690

楚拉中的脂肪酸总体成分含量如表 2-14 所示。楚拉平均总脂肪酸含量为 19.695%，样品中含量大于 0.01% 的脂肪酸分别为丁酸（C4∶0）、己酸（C6∶0）、辛酸（C8∶0）、癸酸（C10∶0）、月桂酸（C12∶0）、肉豆蔻酸（C14∶0）、十五碳酸（C15∶0）、棕榈酸（C16∶0）、十七碳酸（C17∶0）、硬脂酸（C18∶0）、花生酸（C20∶0）、肉豆蔻烯酸（C14∶1）、棕榈油酸（C16∶1）、顺 -10- 十七碳一烯酸（C17∶1）、顺 -11- 二十碳一烯酸（C20∶1）、反式油酸（C18∶1n9t）、油酸（C18∶1n9c）、反式亚油酸（C18∶2n6t）、亚油酸（C18∶2n6c）、亚麻酸（18∶3n3）、顺, 顺, 顺 -8,11,14- 二十碳三烯酸（C20∶3n6）、顺 -5,8,1,1,14- 二十碳四烯酸（C20∶4n6）等 22 种脂肪酸。其中，棕榈酸（C16∶0）占总脂肪酸比例最高，为 30.430 %；其次分别为油酸（C18∶1n9c）、硬脂酸（C18∶0）和肉豆蔻酸（C14∶0），占比分别为 25.700%、12.840% 和 11.040%。根据表 2-15 结果所示，楚拉中不同脂肪酸含量差异较大，变异系数范围 28.540% ~ 63.108%，变化差异最明显的为顺 -5,8,1,1,14- 二十碳四烯酸（C20∶4n6），变化最小的为油酸（C18∶1n9c）。

表 2-14　楚拉脂肪酸含量　　　　　　　　　　　单位：%

项目	鲜样中含量	总脂肪酸中含量	项目	鲜样中含量	总脂肪酸中含量
总脂肪酸	19.695	100.000	顺 -10- 十五碳一烯酸（C15∶1）	0.000	0.000
丁酸（C4∶0）	0.352	1.790	顺 -9- 十六碳一烯酸（C16∶1）	0.381	1.930
己酸（C6∶0）	0.165	0.840	顺 -10- 十七碳一烯酸（C17∶1）	0.050	0.250
辛酸（C8∶0）	0.111	0.560	反 -9- 十八碳一烯酸（C18∶1n9t）	0.618	3.140

项目	鲜样中含量	总脂肪酸中含量	项目	鲜样中含量	总脂肪酸中含量
癸酸（C10：0）	0.391	1.990	顺 -9- 十八碳一烯酸（C18：1n9c）	5.062	25.700
十一碳酸（C11：0）	0.000	0.000	顺 -11- 二十碳一烯酸（C20：1）	0.053	0.270
十二碳酸（C12：0）	0.494	2.510	顺 -13- 二十二碳一烯酸（C22：1n9）	0.000	0.000
十三碳酸（C13：0）	0.000	0.000	顺 -15- 二十四碳一烯酸（C24：1）	0.000	0.000
十四碳酸（C14：0）	2.174	11.040	反，反 -9,12- 十八碳二烯酸（C18：2n6t）	0.026	0.130
十五碳酸（C15：0）	0.186	0.940	顺，顺 -9,12- 十八碳二烯酸（C18：2n6c）	0.53	2.690
十六碳酸（C16：0）	5.993	30.430	顺，顺 -11,14- 二十碳二烯酸（C20：2）	0.000	0.000
十七碳酸（C17：0）	0.146	0.740	顺 -13,16- 二十二碳二烯酸（C22：2）	0.000	0.000
十八碳酸（C18：0）	2.528	12.840	顺，顺，顺 -6,9,12- 十八碳三烯酸（C18：3n6）	0.000	0.000
二十碳酸（C20：0）	0.041	0.210	顺，顺，顺 -9,12,15- 十八碳三烯酸（C18：3n3）	0.166	0.840
二十一碳酸（C21：0）	0.000	0.000	顺，顺，顺 -8,11,14- 二十碳三烯酸（C20：3n6）	0.017	0.090
二十二碳酸（C22：0）	0.000	0.000	顺 -11,14,17- 二十碳三烯酸（C20：3n3）	0.000	0.000
二十三碳酸（C23：0）	0.000	0.000	顺 -5,8,1,1,14- 二十碳四烯酸（C20：4n6）	0.030	0.150
二十四碳酸（C24：0）	0.000	0.000	顺 -5,8,11,1,4,17- 二十碳五烯酸（C20：5n3）	0.000	0.000
顺 -9- 十四碳一烯酸（C14：1）	0.186	0.940	顺 -4,7,10,13,16,19- 二十二碳六烯酸（C22：6n3）	0.000	0.000

表 2–15 楚拉脂肪酸成分（含量 >0.01%）　　　　单位：%

项目	平均值	标准差	极小值	极大值	变异系数
丁酸（C4：0）	0.352	0.117	0.124	0.617	33.216
己酸（C6：0）	0.165	0.063	0.051	0.326	37.987
辛酸（C8：0）	0.111	0.050	0.032	0.261	45.367
癸酸（C10：0）	0.391	0.155	0.107	0.830	39.685
十二碳酸（C12：0）	0.494	0.214	0.134	1.130	43.323
十四碳酸（C14：0）	2.174	0.752	0.843	3.883	34.581
十五碳酸（C15：0）	0.186	0.066	0.070	0.321	35.726
十六碳酸（C16：0）	5.993	1.909	2.476	10.020	31.858
十七碳酸（C17：0）	0.146	0.045	0.066	0.230	30.476
十八碳酸（C18：0）	2.528	0.764	1.174	3.926	30.212
二十碳酸（C20：0）	0.041	0.015	0.013	0.077	36.234
顺 –9– 十四碳一烯酸（C14：1）	0.163	0.068	0.043	0.269	42.013
顺 –9– 十六碳一烯酸（C16：1）	0.381	0.122	0.156	0.627	31.939
顺 –10– 十七碳一烯酸（C17：1）	0.050	0.018	0.016	0.089	35.796
顺 –11– 二十碳一烯酸（C20：1）	0.053	0.025	0.017	0.143	47.640
反 –9– 十八碳一烯酸（C18：1n9t）	0.618	0.244	0.192	1.186	39.409
顺 –9– 十八碳一烯酸（C18：1n9c）	5.062	1.445	2.280	7.466	28.540
反，反 –9,12– 十八碳二烯酸（C18：2n6t）	0.026	0.011	0.009	0.053	42.385
顺，顺 –9,12– 十八碳二烯酸（C18：2n6c）	0.530	0.271	0.173	1.577	51.039
顺，顺，顺 –9,12,15– 十八碳三烯酸（C18：3n3）	0.166	0.076	0.034	0.357	45.783
顺，顺，顺 –8,11,14– 二十碳三烯酸（C20：3n6）	0.017	0.007	0.000	0.030	44.603
顺 –5,8,1,1,14– 二十碳四烯酸（C20：4n6）	0.030	0.019	0.000	0.087	63.108
总脂肪酸	19.695	5.881	8.547	30.232	29.859
不饱和脂肪酸	7.096	2.057	3.121	10.256	28.988
多不饱和脂肪酸	0.769	0.317	0.261	1.837	41.242

　　酸酪蛋中的脂肪酸总体成分含量如表 2–16 所示。酸酪蛋平均总脂肪酸含量为 28.375%，样品中含量大于 0.01% 的脂肪酸分别为丁酸（C4：0）、己

酸（C6：0）、辛酸（C8：0）、癸酸（C10：0）、月桂酸（C12：0）、肉豆蔻酸（C14：0）、肉豆蔻烯酸（C14：1）、十五碳酸（C15：0）、棕榈酸（C16：0）、棕榈油酸（C16：1）、十七碳酸（C17：0）、顺 -10- 十七碳一烯酸（C17：1）、硬脂酸（C18：0）、反式油酸（C18：1n9t）、油酸（C18：1n9c）、反式亚油酸（C18：2n6t）、亚油酸（C18：2n6c）、二十碳酸（C20：0）、顺 -11- 二十碳一烯酸（C20：1）、顺，顺，顺 -9,12,15- 十八碳三烯酸（C18：3n3）、顺，顺，顺 -8,11,14- 二十碳三烯酸（C20：3n6）、顺 -5,8,1,1,14- 二十碳四烯酸（C20：4n6）等 22 种脂肪酸。其中，棕榈酸（C16：0）占总脂肪酸比例最高，为 31.920%；其次分别为油酸（C18：1n9c）、硬脂酸（C18：0）和肉豆蔻酸（C14：0），占比分别为 24.110%、12.230% 和 11.790%。根据表 2-17 结果所示，酸酪蛋中不同脂肪酸含量差异较大，变异系数范围在 34.649% ~ 75.610%，变化差异最明显的顺，顺，顺 -8,11,14- 二十碳三烯酸（C20：3n6），变化最小的为丁酸（C4：0）。

表 2-16　酸酪蛋脂肪酸含量　　　　　　单位：%

项目	鲜样中含量	总脂肪酸中含量	项目	鲜样中含量	总脂肪酸中含量
总脂肪酸	28.375	100.00	顺 -10- 十五碳一烯酸（C15：1）	0.000	0.000
丁酸（C4：0）	0.438	1.540	顺 -9- 十六碳一烯酸（C16：1）	0.565	1.990
己酸（C6：0）	0.219	0.770	顺 -10- 十七碳一烯酸（C17：1）	0.074	0.260
辛酸（C8：0）	0.162	0.570	反 -9- 十八碳一烯酸（C18：1n9t）	0.936	3.300
癸酸（C10：0）	0.579	2.040	顺 -9- 十八碳一烯酸（C18：1n9c）	6.840	24.110
十一碳酸（C11：0）	0.000	0.000	顺 -11- 二十碳一烯酸（C20：1）	0.080	0.280
十二碳酸（C12：0）	0.800	2.820	顺 -13- 二十二碳一烯酸（C22：1n9）	0.000	0.000
十三碳酸（C13：0）	0.000	0.000	顺 -15- 二十四碳一烯酸（C24：1）	0.000	0.000
十四碳酸（C14：0）	3.346	11.790	反，反 -9,12- 十八碳二烯酸（C18：2n6t）	0.039	0.140
十五碳酸（C15：0）	0.297	1.050	顺，顺 -9,12- 十八碳二烯酸（C18：2n6c）	0.582	2.050
十六碳酸（C16：0）	9.058	31.920	顺，顺 -11,14- 二十碳二烯酸（C20：2）	0.000	0.000

续表

项目	鲜样中含量	总脂肪酸中含量	项目	鲜样中含量	总脂肪酸中含量
十七碳酸（C17：0）	0.224	0.790	顺 -13,16- 二十二碳二烯酸（C22：2）	0.000	0.000
十八碳酸（C18：0）	3.471	12.230	顺 , 顺 , 顺 -6,9,12- 十八碳三烯酸（C18：3n6）	0.000	0.000
二十碳酸（C20：0）	0.070	0.250	顺 , 顺 , 顺 -9,12,15- 十八碳三烯酸（C18：3n3）	0.270	0.950
二十一碳酸（C21：0）	0.000	0.000	顺 , 顺 , 顺 -8,11,14- 二十碳三烯酸（C20：3n6）	0.029	0.100
二十二碳酸（C22：0）	0.000	0.000	顺 -11,14,17- 二十碳三烯酸（C20：3n3）	0.000	0.000
二十三碳酸（C23：0）	0.000	0.000	顺 -5,8,1,1,14- 二十碳四烯酸（C20：4n6）	0.025	0.090
二十四碳酸（C24：0）	0.000	0.000	顺 -5,8,11,1,4,17- 二十碳五烯酸（C20：5n3）	0.000	0.000
顺 -9- 十四碳一烯酸（C14：1）	0.271	0.960	顺 -4,7,10,13,16,19- 二十二碳六烯酸（C22：6n3）	0.000	0.000

表 2-17　酸酪蛋脂肪酸成分（含量 >0.01%）　　　　　　　单位：%

项目	平均值	标准差	极小值	极大值	变异系数
丁酸（C4：0）	0.438	0.143	0.204	0.718	32.649
己酸（C6：0）	0.219	0.103	0.074	0.386	46.880
辛酸（C8：0）	0.162	0.082	0.042	0.285	50.709
癸酸（C10：0）	0.579	0.282	0.191	0.972	48.735
十二碳酸（C12：0）	0.800	0.428	0.234	1.600	53.507
十四碳酸（C14：0）	3.346	1.595	1.163	5.167	47.668
十五碳酸（C15：0）	0.297	0.163	0.100	0.674	54.973
十六碳酸（C16：0）	9.058	4.417	2.996	14.716	48.760
十七碳酸（C17：0）	0.224	0.125	0.075	0.509	55.636

续表

项目	平均值	标准差	极小值	极大值	变异系数
十八碳酸（C18：0）	3.471	1.525	1.351	5.330	43.937
二十碳酸（C20：0）	0.070	0.048	0.022	0.198	69.666
顺 -9- 十四碳一烯酸（C14：1）	0.271	0.141	0.071	0.446	51.954
顺 -9- 十六碳一烯酸（C16：1）	0.565	0.281	0.187	0.993	49.618
顺 -10- 十七碳一烯酸（C17：1）	0.074	0.043	0.020	0.166	58.889
顺 -11- 二十碳一烯酸（C20：1）	0.080	0.053	0.023	0.230	66.499
反 -9- 十八碳一烯酸（C18：1n9t）	0.936	0.444	0.357	1.724	47.427
顺 -9- 十八碳一烯酸（C18：1n9c）	6.840	2.870	2.512	10.245	41.954
反，反 -9,12- 十八碳二烯酸（C18：2n6t）	0.039	0.019	0.010	0.067	47.307
顺，顺 -9,12- 十八碳二烯酸（C18：2n6c）	0.582	0.239	0.223	0.996	41.116
顺，顺，顺 -9,12,15- 十八碳三烯酸（C18：3n3）	0.270	0.144	0.098	0.584	53.277
顺，顺，顺 -8,11,14- 二十碳三烯酸（C20：3n6）	0.029	0.022	0.009	0.092	75.610
顺 -5,8,1,1,14- 二十碳四烯酸（C20：4n6）	0.025	0.010	0.008	0.038	39.776
总脂肪酸	28.375	0.015	0.014	0.055	42.026
不饱和脂肪酸	9.718	12.763	10.898	43.551	44.925
多不饱和脂肪酸	8.721	4.134	3.583	14.476	42.540

2.3.1.4 奶酪矿物元素及维生素成分

本研究共检测了 4 种锡林郭勒奶酪中 10 种矿物元素及其 4 种维生素含量。

奶豆腐中的矿物元素和维生素含量如表 2-18 所示。奶豆腐含有丰富的磷、钾、钠、钙平均含量在 1062.84 ～ 2965.49 mg/kg，铁元素和镁元素平均含量在 102.91 ～ 139.21 mg/kg，锌元素和钼元素平均含量在 18.68 ～ 36.00 mg/kg，除此之外，还含有少量锰元素和铜元素，平均含量范围在 0.58 ～ 3.26 mg/kg。由表 2-18 可知，奶豆腐中维生素 B_2 含量较高，平均含量为 5.71 mg/kg，其次为维生素 B_1，平均含量为 1.18 mg/kg，除此之外，还含有少量的维生素 A 和维生素 E，平均值分别为 0.39 mg/kg 和 0.63 mg/kg。奶豆腐中矿物元素含量差异最大的为铁元素，变异系数为 87.93%；含量差异最小的为钼元素，变异系数为 11.72%。奶豆腐中维生素含量差异最大的为维生素 A，变异系数为 0.57%，维生素 B$_1$ 含量差异最小，变异系数为 0.11%。

表 2–18　奶豆腐矿物元素及维生素成分

项目 /（mg/kg）	平均值	标准差	极小值	极大值	变异系数 /%
磷	2965.49	404.71	2346.54	4320.24	13.65
钾	1075.70	143.21	733.93	1357.60	13.31
钠	1062.84	132.24	871.29	1468.53	12.44
钙	1696.48	401.67	1064.84	2637.15	23.68
铁	102.91	90.48	17.64	335.94	87.93
镁	139.21	17.89	105.15	174.05	12.85
钼	36.00	4.22	29.55	44.50	11.72
锌	18.68	6.54	8.15	37.74	34.99
铜	3.26	0.80	2.40	7.21	24.58
锰	0.58	0.49	0.02	1.68	84.96
维生素 A	0.39	0.22	0.12	0.93	0.57
维生素 E	0.63	0.15	0.40	1.26	0.24
维生素 B$_1$	1.18	0.13	0.75	1.45	0.11
维生素 B$_2$	5.71	1.53	1.51	9.87	0.27

毕希拉格中的矿物元素和维生素含量如表 2–19 所示。毕希拉格含有丰富的磷、钾、钠、钙元素，平均含量在 1090.25 ～ 5365.18 mg/kg，镁、铁、钼、锌元素平均含量在 31.02 ～ 191.49 mg/kg，除此之外，还含有少量铜元素和锰元素，平均含量分别为 4.02 mg/kg 和 0.40 mg/kg。由表 2–19 可知，毕希拉格中维生素 A 和维生素 B$_2$ 含量较高，平均含量分别为 7.34 mg/kg 和 3.08 mg/kg；其次为维生素 B$_1$ 和维生素 E，平均含量分别为 1.14 mg/kg 和 0.62 mg/kg。毕希拉格中矿物元素含量差异最大的为锰元素，变异系数为 105.73%；含量差异最小的为钠元素，变异系数为 12.68%。毕希拉格中维生素含量差异最大的为维生素 A，变异系数为 92.28%，维生素 B$_1$ 含量差异最小，变异系数为 24.50%。

表 2-19　毕希拉格矿物元素及维生素成分

项目 /（mg/kg）	平均值	标准差	极小值	极大值	变异系数 /%
磷	5365.18	707.58	4050.91	6553.54	13.19
钾	1479.55	360.12	809.40	2624.54	24.34
钠	1090.25	138.22	788.23	1364.01	12.68
钙	2031.67	873.54	1108.05	5611.84	43.00
铁	96.38	48.11	35.16	239.53	49.91
镁	191.49	33.12	132.00	259.72	17.29
钼	44.76	7.14	31.48	60.57	15.95
锌	31.02	15.22	11.99	71.25	49.05
铜	4.02	0.75	2.97	6.22	18.70
锰	0.40	0.42	0.02	1.61	105.73
维生素 A	7.34	6.78	0.54	32.80	92.28
维生素 E	0.62	0.35	0.17	1.34	56.38
维生素 B_1	1.14	0.28	0.85	2.07	24.50
维生素 B_2	3.08	2.03	1.00	7.82	65.84

　　楚拉中的矿物元素和维生素含量如表 2-20 所示。楚拉含有丰富的磷、钾、钠、钙元素，平均含量在 688.02～3778.41 mg/kg，镁、铁、钼、锌元素平均含量 41.73～254.90 mg/kg，除此之外，还含有少量铜元素和锰元素，平均含量分别为 11.84 mg/kg 和 0.95 mg/kg。由表 2-20 可知，楚拉中维生素 A 和维生素 B_2 含量较高，平均含量分别为 9.61 mg/kg 和 2.78 mg/kg；其次为维生素 B_1 和维生素 E，平均含量分别为 1.40 mg/kg 和 0.41 mg/kg。楚拉中矿物元素含量差异最大的为铁元素，变异系数为 203.84%，其次为锰元素，变异系数为 194.86%；含量差异最小的为镁元素和钼元素，变异系数分别为 18.81% 和 18.10%。楚拉中维生素含量差异最大的为维生素 A，变异系数为 51.88%，维生素 B_1 含量差异最小，变异系数为 23.79%。

表 2-20　楚拉矿物元素及维生素成分

项目 /（mg/kg）	平均值	标准差	极小值	极大值	变异系数 /%
磷	3778.41	982.30	2359.65	6169.61	26.00
钾	1917.18	684.30	1024.08	3406.15	35.69

续表

项目 / （mg/kg）	平均值	标准差	极小值	极大值	变异系数 /%
钠	688.02	395.35	286.21	1996.82	57.46
钙	1886.40	731.38	760.85	3468.30	38.77
铁	160.06	326.27	41.59	1932.66	203.85
镁	254.90	47.94	168.62	366.65	18.81
钼	57.38	10.39	41.10	79.34	18.10
锌	41.73	14.80	21.94	83.79	35.46
铜	11.84	2.43	3.45	15.21	20.50
锰	0.95	1.84	0.03	8.77	194.86
维生素 A	9.61	4.99	3.18	21.80	51.88
维生素 E	0.41	0.20	0.15	0.98	47.68
维生素 B_1	1.40	0.33	0.92	2.52	23.79
维生素 B_2	2.78	1.32	1.02	5.55	47.49

酸酪蛋中的矿物元素和维生素含量如表 2–21 所示。酸酪蛋含有丰富的磷、钾、钠、钙元素，平均含量在 940.53 ～ 3113.66 mg/kg，镁、铁、钼、平均含量在 61.34 ～ 274.63 mg/kg，除此之外，还含有锌元素铜元素和锰元素，平均含量在 0.56 ～ 13.76 mg/kg。由表 2–21 可知，酸酪蛋含有丰富的维生素 A，平均含量为 10.08 mg/kg，其次为维生素 B_2 和维生素 B_1，平均含量分别为 2.91 mg/kg 和 1.49 mg/kg。酸酪蛋矿物元素含量差异最大的为铁元素，变异系数为 111.65%。酸酪蛋维生素含量差异最大的为维生素 A，变异系数为 69.73%。

表 2–21　酸酪蛋矿物元素及维生素成分

项目 / （mg/kg）	平均值	标准差	极小值	极大值	变异系数 /%
磷	3098.95	987.50	1630.78	4720.00	31.87
钾	3113.66	1292.62	972.79	5089.58	41.51
钠	940.53	403.48	258.46	1548.06	42.90
钙	1712.79	1010.45	611.38	3801.18	58.99
铁	184.73	206.24	38.13	799.46	111.65
镁	274.63	96.86	96.86	412.62	35.27

续表

项目 /（mg/kg）	平均值	标准差	极小值	极大值	变异系数 /%
钼	61.34	19.33	23.35	88.36	31.51
锌	13.76	3.92	8.03	20.14	28.49
铜	12.81	1.93	9.80	15.17	15.04
锰	0.56	0.26	0.22	1.06	47.19
维生素 A	10.08	7.03	2.68	23.80	69.73
维生素 E	0.49	0.25	0.20	0.98	51.37
维生素 B$_1$	1.49	0.25	0.98	1.91	17.00
维生素 B$_2$	2.91	1.19	1.34	4.43	40.88

2.3.2　原料奶检测结果

本研究针对锡林郭勒奶酪原料奶中的 4 种常规营养成分、17 种氨基酸、37 种脂肪酸、9 种矿物元素和 4 种维生素，共计 71 项指标进行了检测，现对所有检测结果进行总体概述。

2.3.2.1　原料奶常规营养成分

用于生产锡林郭勒奶酪的原料奶常规营养成分如表 2–22 所示。其中，干物质含量最高，平均值为 12.75%；其次为乳脂肪含量，平均值为 4.10%；乳糖含量最低，平均值为 2.87%。乳蛋白含量在各产地中的变化最大，变异系数为 25.31%，干物质含量在各产地中的变化最小，变异系数为 8.43%。

表 2–22 原料奶常规营养成分概述　　　　　　　　单位：%

项目	平均值	标准差	极小值	极大值	变异系数
乳蛋白	3.39	0.86	1.40	5.36	25.31
乳脂肪	4.10	0.72	2.90	5.60	17.58
干物质	12.75	1.08	10.71	14.86	8.43
乳糖	2.87	0.50	2.02	3.95	17.50

2.3.2.2 原料奶氨基酸成分

原料奶中的氨基酸平均含量如表 2-23 所示。原料奶氨基酸平均含量在 0.02% ～ 0.61%，其中含量最高为谷氨酸，其次为亮氨酸和脯氨酸。氨基酸变异系数在 8.56% ～ 16.80%。

表 2-23 原料奶氨基酸成分概述 单位：%

项目	平均值	标准差	极小值	极大值	变异系数
苏氨酸	0.13	0.02	0.10	0.16	13.57
缬氨酸	0.18	0.02	0.15	0.21	9.59
蛋氨酸	0.07	0.01	0.06	0.09	10.71
异亮氨酸	0.14	0.02	0.12	0.17	10.69
亮氨酸	0.27	0.03	0.23	0.32	9.88
苯丙氨酸	0.14	0.01	0.12	0.17	9.45
赖氨酸	0.24	0.03	0.20	0.29	11.19
组氨酸	0.11	0.01	0.10	0.13	8.56
半胱氨酸	0.02	0.00	0.01	0.02	16.80
酪氨酸	0.15	0.02	0.13	0.18	11.50
丝氨酸	0.16	0.02	0.13	0.19	10.72
谷氨酸	0.61	0.09	0.06	0.75	15.54
脯氨酸	0.26	0.02	0.22	0.30	8.81
甘氨酸	0.05	0.01	0.04	0.07	10.76
丙氨酸	0.09	0.01	0.07	0.11	12.84
天冬氨酸	0.22	0.02	0.18	0.27	11.23
精氨酸	0.07	0.01	0.06	0.10	14.74

2.3.2.3 原料奶脂肪酸成分

本研究共检测了原料奶中 37 种脂肪酸成分，总体成分含量如表 2-24 所示。原料奶平均总脂肪酸含量为 3.127%，样品中含量大于 0.01% 的脂肪酸分别为丁酸（C4：0）、己酸（C6：0）、辛酸（C8：0）、癸酸（C10：0）、十一碳酸（C11：0）、肉豆蔻酸（C14：0）、十四碳酸（C14：0）、十五碳酸（C15：0）、棕榈酸（C16：0）、十七碳酸（C17：0）、硬脂酸（C18：0）、二十一碳酸（C21：0）、肉豆蔻烯酸（C14：1）、棕榈油酸（C16：1）、反式油酸（C18：1n9t）、油酸（C18：1n9c）、亚油酸（C18：2n6c）等16种脂肪酸。根据表2-25结果所示，原料奶中不同脂肪酸含量差异较大，变异系数范围在18.418%～61.684%，变化差异最明显的为月桂酸（C12：0），变化最小的为棕榈油酸（C16：1）。

表 2-24　原料奶脂肪酸含量　　　　　　　　单位：%

项目	鲜样中含量	总脂肪酸中含量	项目	鲜样中含量	总脂肪酸中含量
总脂肪酸	3.127	100.000	顺-10-十五碳一烯酸（C15：1）	0.000	0.000
丁酸（C4：0）	0.042	1.343	顺-9-十六碳一烯酸（C16：1）	0.061	1.951
己酸（C6：0）	0.028	0.895	顺-10-十七碳一烯酸（C17：1）	0.000	0.000
辛酸（C8：0）	0.019	0.608	反-9-十八碳一烯酸（C18：1n9t）	0.101	3.230
癸酸（C10：0）	0.065	2.079	顺-9-十八碳一烯酸（C18：1n9c）	0.832	26.607
十一碳酸（C11：0）	0.084	2.686	顺-11-二十碳一烯酸（C20：1）	0.000	0.000
十二碳酸（C12：0）	0.000	0.000	顺-13-二十二碳一烯酸（C22：1n9）	0.000	0.000
十三碳酸（C13：0）	0.000	0.000	顺-15-二十四碳一烯酸（C24：1）	0.000	0.000
十四碳酸（C14：0）	0.354	11.321	反，反-9,12-十八碳二烯酸（C18：2n6t）	0.000	0.000
十五碳酸（C15：0）	0.033	1.055	顺，顺-9,12-十八碳二烯酸（C18：2n6c）	0.066	2.111
十六碳酸（C16：0）	0.959	30.668	顺，顺-11,14-二十碳二烯酸（C20：2）	0.000	0.000
十七碳酸（C17：0）	0.026	0.831	顺-13,16-二十二碳二烯酸（C22：2）	0.000	0.000
十八碳酸（C18：0）	0.409	13.080	顺，顺，顺-6,9,12-十八碳三烯酸（C18：3n6）	0.000	0.000

项目	鲜样中含量	总脂肪酸中含量	项目	鲜样中含量	总脂肪酸中含量
二十碳酸（C20：0）	0.000	0.000	顺，顺，顺 -9,12,15- 十八碳三烯酸（C18：3n3）	0.000	0.000
二十一碳酸（C21：0）	0.027	0.863	顺，顺，顺 -8,11,14- 二十碳三烯酸（C20：3n6）	0.000	0.000
二十二碳酸（C22：0）	0.000	0.000	顺 -11,14,17- 二十碳三烯酸（C20：3n3）	0.000	0.000
二十三碳酸（C23：0）	0.000	0.000	顺 -5,8,1,1,14- 二十碳四烯酸（C20：4n6）	0.000	0.000
二十四碳酸（C24：0）	0.000	0.000	顺 -5,8,11,1,4,17- 二十碳五烯酸（C20：5n3）	0.000	0.000
顺 -9- 十四碳一烯酸（C14：1）	0.021	0.672	顺 -4,7,10,13,16,19- 二十二碳六烯酸（C22：6n3）	0.000	0.000

表 2-25　原料奶脂肪酸成分（含量 >0.01%）　　单位：%

项目	平均值	标准差	极小值	极大值	变异系数
丁酸（C4：0）	0.042	0.011	0.020	0.063	25.243
己酸（C6：0）	0.028	0.009	0.010	0.046	30.834
辛酸（C8：0）	0.019	0.008	0.008	0.039	40.422
癸酸（C10：0）	0.065	0.030	0.022	0.144	46.289
十二碳酸（C12：0）	0.084	0.052	0.028	0.270	61.684
十四碳酸（C14：0）	0.354	0.127	0.164	0.773	35.772
十五碳酸（C15：0）	0.033	0.008	0.019	0.046	23.274
十六碳酸（C16：0）	0.959	0.249	0.505	1.534	25.960
十七碳酸（C17：0）	0.026	0.005	0.017	0.035	18.445
十八碳酸（C18：0）	0.409	0.117	0.130	0.628	28.646
二十一碳酸（C21：0）	0.027	0.007	0.003	0.039	25.615
顺 -9- 十四碳一烯酸（C14：1）	0.021	0.009	0.005	0.036	42.113
顺 -9- 十六碳一烯酸（C16：1）	0.061	0.011	0.035	0.087	18.418

续表

项目	平均值	标准差	极小值	极大值	变异系数
反 -9- 十八碳一烯酸（C18∶1n9t）	0.101	0.032	0.026	0.172	31.268
顺 -9- 十八碳一烯酸（C18∶1n9c）	0.832	0.176	0.556	1.226	21.096
顺, 顺 -9,12- 十八碳二烯酸（C18∶2n6c）	0.066	0.020	0.016	0.095	29.856
总脂肪酸	3.176	0.710	1.736	4.940	22.362
不饱和脂肪酸	1.081	0.222	0.774	1.582	19.803
多不饱和脂肪酸	0.989	0.023	0.031	0.127	25.802

2.3.2.4　原料奶矿物质和维生素

原料奶中的矿物元素和维生素含量如表 2–26 所示。原料奶含有丰富的磷、钾、钠、钙、镁元素，平均含量在 116.90 ～ 7619.28 mg/kg，钼、锌、铜元素平均含量在 1.70 ～ 24.05 mg/kg。由表 2–26 可知，原料奶含有丰富的维生素 A 和维生素 B_2，平均含量分别为 2.38 mg/kg 和 1.60 mg/kg。原料奶矿物元素含量差异最大的为铁元素，变异系数为 71.30%。原料奶维生素含量差异最大的为维生素 B_2，变异系数为 26.97%。

表 2–26　原料奶矿物质元素及维生素成分

项目 /（mg/kg）	平均值	标准差	极小值	极大值	变异系数 /%
磷	7619.28	1029.20	5147.86	9388.19	13.51
钾	1452.89	216.73	956.53	1748.12	14.92
钠	664.50	277.93	370.97	1398.63	41.83
钙	1067.38	251.02	474.12	1344.50	23.52
铁	10.91	7.78	1.78	24.36	71.30
镁	116.90	12.27	96.65	149.48	10.50
钼	24.05	2.53	19.73	31.15	10.50
锌	3.74	0.98	2.53	7.34	26.13
铜	1.70	0.92	0.63	3.31	54.05
维生素 A	2.38	0.45	1.78	3.94	18.90
维生素 E	0.57	0.08	0.43	0.73	13.99
维生素 B_1	0.79	0.11	0.51	1.08	13.65
维生素 B_2	1.60	0.43	0.73	2.48	26.97

2.3.3 饲草检测结果

本研究针对锡林郭勒奶酪采样点饲草中的 7 种常规营养成分、10 种矿物质元素、17 种氨基酸，共计 34 个指标进行了检测，现对所有检测结果进行总体概述。

2.3.3.1 饲草常规成分

牲畜牧场 / 草场饲草常规营养成分如表 2-27 示。其中，锡林郭勒饲草平均蛋白质含量较高，平均值为 12.83%。除此之外，还含有丰富的可溶性糖，平均含量为 7.91%。饲草常规营养变异系数在 13.72% ～ 31.24%，其中变化最大的为粗蛋白和酸性洗涤纤维，变化最小的为水分含量。

表 2-27　饲草常规营养成分　　　　　单位：%

项目	平均值	标准差	极小值	极大值	变异系数
粗蛋白	12.83	4.01	6.35	21.28	31.24
粗脂肪	2.72	0.55	1.56	3.99	20.21
水分	5.63	0.77	4.17	7.57	13.72
粗灰分	8.29	1.38	5.63	10.88	16.61
中性洗涤纤维	39.43	7.31	27.47	55.97	18.55
酸性洗涤纤维	21.04	6.53	10.12	32.04	31.04
可溶性糖	7.91	1.13	5.94	9.81	14.32

2.3.3.2 饲草矿物质元素

饲草矿物元素分析的结果如表 2-28 所示。锡林郭勒饲草中含有各种矿物元素，如磷、钾、钠、钙、铁、镁、钼、锌、铜和锰。其中，磷的平均含量最高，达到 20 822.36 mg/kg，变异系数为 40.94%。钾的平均含量也相对较高，为 18 586.57 mg/kg，变异系数为 25.55%。铁的含量虽然不高，但变异系数最大，达到了 92.20%。含量变化最小的元素是钾，其变异系数为25.55%。

表 2-28　饲草矿物元素成分

项目 / (mg/kg)	平均值	标准差	极小值	极大值	变异系数 /%
磷	20 822.36	8524.20	4077.78	43 700.00	40.94
钾	18 586.57	4748.78	11 066.09	29 302.94	25.55
钠	6780.98	2942.21	1789.00	12 663.47	43.39
钙	13 284.23	6301.36	1342.37	29 791.75	47.43
铁	963.94	888.77	82.43	3828.38	92.20
镁	5095.31	1651.81	2560.52	9207.63	32.42
钼	1079.36	351.20	539.75	1964.08	32.54
锌	145.07	81.92	40.39	349.20	56.47
铜	37.56	20.04	17.90	72.02	53.34
锰	144.71	52.02	58.23	263.44	35.95

2.3.3.3　饲草氨基酸成分

饲草氨基酸含量如表 2-29 所示。其中，谷氨酸含量最高，平均值为 1.90%，其次为天冬氨酸和亮氨酸，平均值分别为 0.95% 和 0.92%。饲草变化差异最大的氨基酸为精氨酸，变异系数为 55.98%，差异最小的为组氨酸，变异系数为 26.13%。

表 2-29　饲草氨基酸成分　　　　　　　　单位：%

项目	平均值	标准差	极小值	极大值	变异系数
苏氨酸	0.45	0.13	0.29	0.82	28.57
缬氨酸	0.55	0.17	0.32	1.02	31.70
蛋氨酸	0.15	0.04	0.08	0.22	26.24
异亮氨酸	0.43	0.15	0.25	0.86	34.33
亮氨酸	0.92	0.30	0.44	1.60	32.69
苯丙氨酸	0.55	0.18	0.27	1.06	33.48
赖氨酸	0.50	0.20	0.30	1.14	39.49
组氨酸	0.46	0.12	0.28	0.76	26.13
半胱氨酸	0.19	0.06	0.10	0.34	31.05
酪氨酸	0.38	0.13	0.18	0.71	34.22

项目	平均值	标准差	极小值	极大值	变异系数
丝氨酸	0.53	0.18	0.29	1.02	33.60
谷氨酸	1.90	0.79	0.80	3.83	41.46
脯氨酸	0.60	0.19	0.33	1.00	32.34
甘氨酸	0.49	0.15	0.29	0.91	30.17
丙氨酸	0.66	0.19	0.30	1.03	28.08
天冬氨酸	0.95	0.38	0.51	2.08	40.04
精氨酸	0.47	0.26	0.17	1.14	55.98

2.3.4 水样检测结果

本研究针对锡林郭勒牲畜饮用水源电导率、pH 值、矿物质等 6 种指标进行了检测，结果如表 2-30 所示。饮用地下水含有丰富的钠元素、钙元素、镁元素，平均含量为 138.60 mg/L、51.27 mg/L 和 44.37 mg/L，除此之外，还含有少量的钾元素，平均含量为 3.71 mg/L。饮用水平均 pH 值为 7.87。

表 2-30　饮用地下水营养物质

项目	平均值	标准差	极小值	极大值	变异系数 /%
电导率 / (us/cm)	951.16	275.43	539.65	1440.50	28.96
pH 值	7.87	0.32	7.39	8.84	4.03
钾 / (mg/L)	3.71	1.21	1.47	6.11	32.48
钠 / (mg/L)	138.60	50.35	66.23	218.07	36.33
钙 / (mg/L)	51.27	24.20	17.01	109.36	47.21
镁 / (mg/L)	44.37	13.88	29.12	73.08	31.29

2.4　本章小结

本次锡林郭勒奶酪品质评鉴项目，主要针对 9 个主产区、162 个样本、182 个指标进行了检测。通过对所有检测结果平均值进行整理分析，得出主要结论有以下几点。

（1）奶豆腐中含有丰富的蛋白质（31.54%）、脂肪（10.41%）、谷氨酸（6.26%）、脯氨酸（2.66%）、亮氨酸（2.56%）、磷元素（2965.49 mg/kg）、钙元素（1696.48 mg/kg）、维生素 B_2（5.71 mg/kg）。其中，差异较大的有脂肪、铁元素、锌元素、锰元素等，变异系数大于30%。

（2）毕希拉格中含有丰富的蛋白质（58.44%）、脂肪含量（22.42%）、干物质（82.77%）、谷氨酸（11.52%）、脯氨酸（4.84%）、亮氨酸（4.64%）、天冬氨酸（3.59%）、缬氨酸（3.26%）、总脂肪酸（20.58%）、磷元素（5365.18 mg/kg）、钾元素（1479.55 mg/kg）、钙元素（2031.67 mg/kg）、维生素 B_2（3.08 mg/kg）。其中，差异较大的有乳糖、脂肪、钙元素、铁元素、锌元素、锰元素、维生素 A、维生素 E、维生素 B_2 等，变异系数大于30%。

（3）楚拉中含有丰富的乳糖（5.23%）、蛋白质（56.85%）、脂肪（22.11%）、干物质（84.37%）、谷氨酸（11.97%）、脯氨酸（4.91）、亮氨酸（4.82%）、缬氨酸（3.44%）、赖氨酸（3.65%）、天冬氨酸（3.73%）、总脂肪酸（19.69%）、磷元素（3778.41 mg/kg）、钾元素（1917.18 mg/kg）、钙元素（1886.40 mg/kg）、维生素 A（9.61 mg/kg）。其中，差异较大的有乳糖、脂肪、蛋白质、钾元素、钠元素、钙元素、铁元素、锌元素、锰元素、维生素 A、维生素 E、维生素 B_2 等，变异系数大于30%。

（4）酸酪蛋中含有丰富的蛋白质（36.87%）、脂肪（33.52%）、干物质（79.49%）、谷氨酸（7.27%）、亮氨酸（3.44%）、总脂肪酸（28.37%）、维生素 A（10.08 mg/kg）。其中，差异较大的有乳糖、蛋白质、脂肪、各类氨基酸、磷元素、钾元素、钠元素、钙元素、铁元素、镁元素、钼元素、锰元素、维生素 A、维生素 E、维生素 B_2 等，变异系数大于30%。

（5）原料奶中含有丰富的乳蛋白（3.39%）、乳脂肪（4.10%）、乳糖（2.87%）、谷氨酸（0.61%）、脂肪酸（3.127%）、磷元素（7619.28 mg/kg）、钾元素（1452.89 mg/kg）、钙元素（1067.38 mg/kg）。其中，差异较大的有钠元素、铁元素、铜元素等，变异系数大于30%。

（6）饲草中含有丰富的粗蛋白（12.83%）、磷元素（20 822.36 mg/kg）、钾元素（18 586.57 mg/kg）、钠元素（6780.98 mg/kg）、钙元素（13 284.23 mg/kg）、镁元素（5095.31 mg/kg）、钼元素（1079.36 mg/kg）、锰元素（144.71 mg/kg）、谷氨酸（1.90%）、天冬氨酸（0.95%）、亮氨酸（0.92%）。其中，差异较大的有粗

蛋白、酸性洗涤纤维、各类矿物质元素、各类氨基酸等，变异系数大于 30%。

（7）饮用水平均 pH 值为 7.87、平均电导率为 951.16 us/cm、含有丰富的钠元素（138.60 mg/L）、钙元素（51.27 mg/L）、镁元素（44.37 mg/L）。其中，钾元素、钠元素、钙元素和镁元素差异较大，变异系数大于 30%。

第 3 章

锡林郭勒盟不同产地奶酪品质差异分析

为全面评价锡林郭勒不同产地奶酪品质，本研究以正蓝旗、正镶白旗、镶黄旗、苏尼特右旗、苏尼特左旗、阿巴嘎旗、西乌珠穆沁旗、东乌珠穆沁旗、锡林浩特市等 9 个产地的 4 种奶酪为研究对象，对其常规营养、氨基酸成分、脂肪酸成分、矿物元素、维生素含量进行测定，并使用主成分分析法以及聚类分析法对来自 9 个不同产地的锡林郭勒奶酪品质数据进行分析，以期摸清锡林郭勒奶酪在不同产地的品质优势以及差异，为锡林郭勒奶酪品质评价及其产地鉴别提供参考。

3.1 不同产地毕希拉格品质差异分析

2022 年 4—5 月期间，从锡林郭勒盟 9 个不同产地分别采集毕希拉格样品，采集制作后晒干 5 ～ 6 个月的毕希拉格，真空包装运送至实验室进行品质测定。

3.1.1 常规营养

不同产地锡林郭勒毕希拉格常规营养成分检测结果如表 3-1 所示。由表 3-1 可知，不同产地毕希拉格营养成分变异系数在 9.80% ～ 43.14%，其中：①乳糖：不同产地毕希拉格乳糖含量范围在 2.15% ～ 4.18%，变异系数为 19.18%，其中镶黄旗、苏尼特左旗毕希拉格乳糖含量较高，乳糖含量分别为 4.10% 和 4.18%；正蓝旗乳糖含量最低。②蛋白质：不同产地毕希拉格蛋白质含量范围在 43.77% ～ 64.02%，变异系数为 9.80%。其中，东乌珠穆沁旗毕希拉格蛋白质含量最高，其次为锡林浩特市毕希拉格，蛋白质含量为 62.21%，阿巴嘎旗毕希拉格蛋白质含量最低。③脂肪：不同产地毕希拉格脂肪含量范围在 14.98% ～ 31.66%，变异系数为 24.70%。其中，正蓝旗毕希拉格脂肪含量最高，为 31.66%，其次为苏尼特右旗毕希拉格，为 29.54%，阿巴嘎旗毕希拉格脂肪含量最低。④水分：不同产地毕希拉格中水分含量范围在 11.85% ～ 37.02%，差异较大，变异系数为 43.14%。⑤灰分：不同产地毕希拉格灰分含量范围在 2.34% ～ 3.19%，变异系数为 10.87%。其中，苏尼特右旗、西乌珠穆沁旗毕希拉格灰分含量最高，其次为镶黄旗和正镶白旗，分别为 3.04% 和 3.00%。

表 3-1　不同产地毕希拉格常规营养成分含量　　　　单位：%

检测项目	乳糖	蛋白质	脂肪	水分	灰分
正蓝旗	2.15	56.50	31.66	11.85	2.66
正镶白旗	3.50	61.85	17.42	17.57	3.00
镶黄旗	4.10	59.88	23.93	11.93	3.04
苏尼特左旗	4.18	58.25	18.62	20.17	2.44
苏尼特右旗	2.94	54.86	29.54	20.20	3.19
阿巴嘎旗	3.58	43.77	14.98	37.02	2.54
西乌珠穆沁旗	3.13	59.74	28.80	12.12	3.19
东乌珠穆沁旗	2.72	64.02	21.78	12.71	2.77
锡林浩特市	3.95	62.21	18.74	14.71	2.34
变异系数	19.18	9.80	24.70	43.14	10.87

3.1.2　氨基酸

不同产地锡林郭勒毕希拉格 17 种氨基酸含量，总氨基酸（Total amino acid，TAA）、必需氨基酸（Essential amino acid，EAA）和非必需氨基酸（Nonessential amino acid，NEAA）含量如表 3-2 所示。由结果可知，毕希拉格含有丰富的氨基酸，其中，①总氨基酸：不同产地总氨基酸含量在 40.61% ～ 58.96%，各产地总氨基酸含量差异较大，变异系数为 11.44%。锡林浩特市、镶黄旗、正镶白旗总氨基酸含量较高，平均含量分别为

58.96%、56.56%、55.16%，西乌珠穆沁旗氨基酸含量最低，平均含量为40.61%。②必需氨基酸：不同产地必需氨基酸含量在16.92%～24.55%，各产地必需氨基酸含量差异较大，变异系数为11.42%。锡林浩特市、镶黄旗、正镶白旗必需氨基酸含量较高，平均含量分别为24.55%、23.33%、23.28%。西乌珠穆沁旗和阿巴嘎旗必需氨基酸含量较低，平均含量分别为16.92%、18.49%。③EAA/TAA：各产地必需氨基酸占总氨基酸比例在41.25%～42.20%，各产地之间差异小。④EAA/NEAA：各产地间必需氨基酸占非必需氨基酸含量比例在70.21%～73.02%，各产地之间差异较小。

锡林郭勒毕希拉格中含有丰富的不同种类必需氨基酸，产地间差异较大，变异系数为11.05%～12.41%，其中缬氨酸在各产地间差异较大，各产地毕希拉格缬氨酸含量在2.60%～3.78%，锡林浩特市毕希拉格缬氨酸含量最高，西乌珠穆沁旗毕希拉格缬氨酸含量最低。此外，毕希拉格亮氨酸、赖氨酸、苯丙氨酸和异亮氨酸含量丰富，各产地含量分别在3.65%～5.27%、2.67%～4.05%、2.01%～2.89%和1.98%～2.85%。不同产地必需氨基酸种类和含量中，锡林浩特市苏氨酸、缬氨酸、蛋氨酸、异亮氨酸、亮氨酸、苯丙氨酸、赖氨酸含量最高，其次为镶黄旗苏氨酸、缬氨酸、蛋氨酸、亮氨酸、苯丙氨酸和正镶白旗蛋氨酸、异亮氨酸、亮氨酸、苯丙氨酸、赖氨酸含量。

除必需氨基酸以外，锡林郭勒毕希拉格含有丰富的谷氨酸、脯氨酸、天冬氨酸、酪氨酸、丝氨酸等非必需氨基酸，含量范围分别在9.01%～13.12%、3.70%～5.53%、2.85%～4.04%、2.19%～3.16%、2.12%～3.09%，锡林浩特市、正镶白旗、镶黄旗、苏尼特右旗毕希拉格表现优异。

不同产地毕希拉格必需氨基酸组分（占总氨基酸百分比）如表3-3所示。组氨酸为婴儿必需氨基酸，已满足FAO/WHO推荐模式的含量要求；其他必需氨基酸均远超过FAO/WHO推荐模式的含量，表明各产地奶豆腐具备较优的必需氨基酸组合比例。通过计算必需氨基酸的比值系数分（SRC），得出各产地的FAO/WHO推荐模式SRC评分如表3-4所示，东乌珠穆沁旗最高（75.89），西乌珠穆沁旗较低（74.22）。

表3-2 不同产地毕希拉格氨基酸含量

单位：%

检测项目	正蓝旗	正镶白旗	镶黄旗	苏尼特左旗	苏尼特右旗	阿巴嘎旗	西乌珠穆沁旗	东乌珠穆沁旗	锡林浩特市	变异系数
氨基酸总量	49.03	55.16	56.56	53.76	50.43	44.57	40.61	53.24	58.96	11.44
必需氨基酸	20.56	23.28	23.33	22.18	21.03	18.49	16.92	22.11	24.55	11.42
苏氨酸	1.91	2.18	2.23	2.12	1.97	1.75	1.59	2.09	2.28	11.44
缬氨酸	3.08	3.50	3.55	3.34	3.20	2.64	2.60	3.40	3.78	12.41
蛋氨酸	1.37	1.54	1.54	1.47	1.34	1.21	1.10	1.43	1.57	11.44
异亮氨酸	2.40	2.71	2.66	2.53	2.47	2.12	1.98	2.56	2.85	11.22
亮氨酸	4.44	5.03	5.03	4.74	4.49	3.99	3.65	4.70	5.27	11.31
苯丙氨酸	2.42	2.79	2.79	2.65	2.48	2.21	2.01	2.63	2.89	11.44
赖氨酸	3.38	3.76	3.76	3.66	3.44	3.19	2.67	3.64	4.05	11.44
组氨酸	1.56	1.77	1.77	1.67	1.64	1.38	1.32	1.66	1.86	11.05
非必需氨基酸	28.47	31.88	33.23	31.58	29.40	26.08	23.69	31.13	34.41	11.50
半胱氨酸	0.24	0.28	0.33	0.33	0.32	0.23	0.23	0.35	0.29	16.18
酪氨酸	2.69	3.05	3.06	2.95	2.75	2.45	2.19	2.87	3.16	11.28
丝氨酸	2.62	2.93	3.00	2.87	2.64	2.36	2.12	2.79	3.09	11.60
谷氨酸	10.87	12.29	12.57	11.95	11.15	9.89	9.01	11.83	13.12	11.57
脯氨酸	4.80	5.02	5.43	5.03	4.60	4.14	3.70	4.91	5.53	12.18

续表

单位：%

检测项目	正蓝旗	正镶白旗	镶黄旗	苏尼特左旗	苏尼特右旗	阿巴嘎旗	西乌珠穆沁旗	东乌珠穆沁旗	锡林浩特市	变异系数
甘氨酸	0.88	1.01	1.07	1.01	0.95	0.84	0.78	1.00	1.11	11.31
丙氨酸	1.46	1.71	1.99	1.93	1.83	1.58	1.47	1.93	2.10	13.15
天冬氨酸	3.41	3.85	3.90	3.71	3.49	3.10	2.85	3.66	4.04	10.91
精氨酸	1.50	1.74	1.88	1.80	1.67	1.49	1.34	1.79	1.97	12.19
EAA/TAA	41.93	42.20	41.25	41.26	41.70	41.49	41.66	41.53	41.64	
EAA/NEAA	72.22	73.02	70.21	70.23	71.53	70.90	71.42	71.02	71.35	

表 3-3　不同产地毕希拉格氨基酸成分（占总氨基酸）

单位：%

产地	苏氨酸	缬氨酸	蛋氨酸+半胱氨酸	异亮氨酸	亮氨酸	苯丙氨酸+酪氨酸	赖氨酸	组氨酸
正蓝旗	9.29	14.98	7.83	11.67	21.60	24.85	16.44	7.59
正镶白旗	9.36	15.03	7.82	11.64	21.61	25.09	16.15	7.60
镶黄旗	9.56	15.22	8.02	11.40	21.56	25.08	16.12	7.59
苏尼特左旗	9.56	15.06	8.12	11.41	21.37	25.25	16.50	7.53
苏尼特右旗	9.37	15.22	7.89	11.75	21.35	24.87	16.36	7.80
阿巴嘎旗	9.46	14.28	7.79	11.47	21.58	25.20	17.25	7.46
西乌珠穆沁旗	9.40	15.37	7.86	11.70	21.57	24.82	15.78	7.80
东乌珠穆沁旗	9.45	15.38	8.05	11.58	21.26	24.88	16.46	7.51

续表

产地	苏氨酸	缬氨酸	蛋氨酸+半胱氨酸	异亮氨酸	亮氨酸	苯丙氨酸+酪氨酸	赖氨酸	组氨酸
锡林浩特市	9.29	15.40	7.58	11.61	21.47	24.64	16.50	7.58
FAO/WHO 推荐模式	4.00	5.00	3.50	4.00	7.00	6.00	5.50	1.70

表 3-4 不同产地毕希格拉必需氨基酸成分 FAO/WHO 模式评分

氨基酸来源		苏氨酸	缬氨酸	蛋氨酸+半胱氨酸	异亮氨酸	亮氨酸	苯丙氨酸+酪氨酸	赖氨酸	组氨酸	SRC
FAO/WHO 模式	mg/g	40	50	35	40	70	60	55	17	
正蓝旗	RAA	2.32	3.00	2.24	2.92	3.09	4.14	2.99	4.46	
	RC	0.74	0.95	0.71	0.93	0.98	1.32	0.95	1.42	74.97
正镶白旗	RAA	2.34	3.01	2.23	2.91	3.09	4.18	2.94	4.47	
	RC	0.74	0.96	0.71	0.93	0.98	1.33	0.93	1.42	74.70
镶黄旗	RAA	2.39	3.04	2.29	2.85	3.08	4.18	2.93	4.46	
	RC	0.76	0.97	0.73	0.90	0.98	1.33	0.93	1.42	75.28
苏尼特左旗	RAA	2.39	3.01	2.32	2.85	3.05	4.21	3.00	4.43	
	RC	0.76	0.95	0.73	0.90	0.97	1.33	0.95	1.40	75.57
苏尼特右旗	RAA	2.34	3.04	2.26	2.94	3.05	4.14	2.97	4.59	
	RC	0.74	0.96	0.71	0.93	0.96	1.31	0.94	1.45	74.39

续表

氨基酸来源		苏氨酸	缬氨酸	蛋氨酸+半胱氨酸	异亮氨酸	亮氨酸	苯丙氨酸+酪氨酸	赖氨酸	组氨酸	SRC
阿巴嘎旗	RAA	2.37	2.86	2.23	2.87	3.08	4.20	3.14	4.39	
	RC	0.75	0.91	0.71	0.91	0.98	1.34	1.00	1.40	75.09
西乌珠穆沁旗	RAA	2.35	3.07	2.25	2.93	3.08	4.14	2.87	4.59	
	RC	0.74	0.97	0.71	0.93	0.98	1.31	0.91	1.45	74.22
东乌珠穆沁旗	RAA	2.36	3.08	2.30	2.89	3.04	4.15	2.99	4.42	
	RC	0.75	0.98	0.73	0.92	0.96	1.31	0.95	1.40	75.89
锡林浩特市	RAA	2.32	3.00	2.24	2.92	3.09	4.14	2.99	4.46	
	RC	0.74	0.98	0.69	0.93	0.98	1.31	0.96	1.42	74.80

注：RAA，氨基酸比值；RC，氨基酸比值系数；全书同。

3.1.3　脂肪酸

本研究总共检测了锡林郭勒毕希拉格 37 种脂肪酸成分，检测出占总脂肪酸成分高于 0.01% 的共 19 种，占总脂肪酸比例如表 3-5 所示。总脂肪酸（Total fatty acids，TFA）、饱和脂肪酸（Saturated fatty acid，SFA）、多不饱和脂肪酸（Polyunsaturated fatty acid，PUFA）和单不饱和脂肪酸（Monounsaturated fatty acid，MUFA）含量如表 3-6 所示。

由表 3-5 可知，各产地间总脂肪酸、饱和脂肪酸、不饱和脂肪酸、多不饱和脂肪酸和单不饱和脂肪酸差异较大，变异系数在 20.73% ～ 27.83%，其中，①总脂肪酸含量：各产地毕希拉格总脂肪酸含量范围在 15.58% ～ 28.10%，产地间差异较大，变异系数为 24.82%，其中，正蓝旗含量最高，正镶白旗含量最低。②饱和脂肪酸：各产地毕希拉格饱和脂肪酸含量范围在 9.75% ～ 18.69%，产地间差异较大，变异系数为 26.83%，其中，正蓝旗含量最高，正镶白旗含量最低，主要以肉豆蔻酸（C14∶0）、棕榈酸（C16∶0）、硬脂酸（C18∶0）等脂肪酸为主。③不饱和脂肪酸：各产地毕希拉格不饱和脂肪酸含量范围在 5.52% ～ 9.41%，产地间差异较大，变异系数为 21.24%，其中，正蓝旗含量最高，苏尼特左旗含量最低。④多不饱和脂肪酸：各产地毕希拉格多不饱和脂肪酸含量范围在 5.06% ～ 8.64%，产地间差异较大，变异系数为 20.73%，其中，正蓝旗含量最高，苏尼特左旗含量最低，其中，主要为油酸（C18∶1n9c）、亚油酸（C18∶2n6c）和反油酸（C18∶1n9t）。⑤单不饱和脂肪酸：各产地毕希拉格单不饱和脂肪酸含量范围在 0.45% ～ 0.89%，产地间差异较大，变异系数为 27.83%，其中，阿巴嘎旗含量最高，正镶白旗含量最低，主要为肉豆蔻酸（C14∶1）、棕榈酸（C16∶1）。

由表 3-6 可知，各产地检出的毕希拉格中，主要脂肪酸为丁酸（C4∶0）、己酸（C6∶0）、辛酸（C8∶0）、癸酸（C10∶0）、月桂酸（C12∶0）、肉豆蔻酸（C14∶0）、十五碳酸（C15∶0）、棕榈酸（C16∶0）、十七碳酸（C17∶0）、硬脂酸（C18∶0）、花生酸（C20∶0）、肉豆蔻烯酸（C14∶1）、棕榈油酸（C16∶1）、顺 -10- 十七碳一烯酸（C17∶1）、反油酸（C18∶1n9t）、油酸（C18∶1n9c）、反亚油酸（C18∶2n6t）、亚油酸（C18∶2n6c）等 19 种脂肪酸。其中，①丁酸（C4∶0）：不同产地毕希拉格中丁酸占总脂肪酸比例在

1.53% ～ 2.18%，产地间差异较大，变异系数为 12.32%，其中，正镶白旗最高，东乌珠穆沁旗最低。②己酸（C6：0）：不同产地毕希拉格中己酸占总脂肪酸比例在 0.71% ～ 0.96%，产地间差异较小，变异系数为 9.84%，其中，东乌珠穆沁旗最高，西乌珠穆沁旗最低。③辛酸（C8：0）：不同产地毕希拉格中辛酸占总脂肪酸比例在 0.42% ～ 0.69%，产地间差异较大，变异系数为 14.42%，其中，东乌珠穆沁旗最高，正镶白旗最低。④癸酸（C10：0）：不同产地毕希拉格中辛酸占总脂肪酸比例在 1.58% ～ 2.39%，产地间差异较大，变异系数为 12.35%，其中，东乌珠穆沁旗最高，正镶白旗最低。⑤月桂酸（C12：0）：不同产地毕希拉格中月桂酸占总脂肪酸比例在 1.92% ～ 3.18%，产地间差异较大，变异系数为 13.46%，其中，正镶白旗最高，东乌珠穆沁旗最低。⑥肉豆蔻酸（C14：0）：不同产地毕希拉格中肉豆蔻酸占总脂肪酸比例在 9.67% ～ 12.76%，产地间差异较小，变异系数为 8.43%，其中，东乌珠穆沁旗最高，西乌珠穆沁旗最低。⑦十五碳酸（C15：0）：不同产地毕希拉格中十五碳酸占总脂肪酸比例在 0.69% ～ 1.07%，产地间差异较大，变异系数为 12.33%，其中，阿巴嘎旗最高，苏尼特左旗最低。⑧棕榈酸（C16：0）：不同产地毕希拉格中棕榈酸占总脂肪酸比例在 29.09% ～ 32.78%，产地间差异较小，变异系数为 3.68%，其中，镶黄旗最高，苏尼特右旗最低。⑨十七碳酸（C17：0）：不同产地毕希拉格中十七碳酸占总脂肪酸比例在 0.67% ～ 0.85%，产地间差异较小，变异系数为 8.96%，其中，阿巴嘎旗最高，正蓝旗、苏尼特右旗、西乌珠穆沁旗最低。⑩硬脂酸（C18：0）：不同产地毕希拉格中硬脂酸占总脂肪酸比例在 12.12% ～ 14.04%，产地间差异较小，变异系数为 5.54%，其中，苏尼特右旗最高，镶黄旗最低。⑪花生酸（C20：0）：不同产地毕希拉格中花生酸占总脂肪酸比例在 0.15% ～ 0.27%，产地间差异较大，变异系数为 16.97%，其中，锡林浩特市最高，西乌珠穆沁旗最低。⑫肉豆蔻烯酸（C14：1）：不同产地毕希拉格中肉豆蔻烯酸占总脂肪酸比例在 0.68% ～ 0.98%，产地间差异较大，变异系数为 15.02%，其中，镶黄旗最高，锡林浩特市最低。⑬棕榈油酸（C16：1）：不同产地毕希拉格中棕榈油酸占总脂肪酸比例在 1.68% ～ 2.06%，产地间差异较小，变异系数为 7.36%，其中，阿巴嘎旗最高，正蓝旗、苏尼特右旗最低。⑭顺 -10- 十七碳一烯酸（C17：1）：不同产地毕希拉格中顺 -10- 十七碳一烯酸占总脂肪酸比例在 0.16% ～ 0.33%，产地间差异较大，变异系数为 20.38%，其中，阿巴嘎旗最高，正蓝旗最低。⑮反油酸（C18：1n9t）：不同产地毕希拉格中反油酸占总脂肪酸比例在 2.54% ~ 3.76%，产地间差异较大，变异系数为 10.98%，其中，正镶白旗最高，西乌珠穆沁旗最低。⑯油酸（C18：1n9c）：不同产地毕希拉格中油酸占总脂肪酸比例在 24.14% ~ 28.09%，产地间差异较小，变异系数为 5.51%，其中，正镶白旗最高，东乌珠穆沁旗最低。⑰反亚油酸（C18：2n6t）：不同产地毕希拉格中反亚油酸占总脂肪酸比例在 0.09% ~ 0.17%，产地间差异较小。⑱亚油酸（C18：2n6c）：不同产地毕希拉格中亚油酸占总脂肪酸比例在 2.00% ~ 3.27%，产地间差异较大，变异系数为 16.98%，其中，西乌珠穆沁旗最高，锡林浩特市最低。⑲亚麻酸（18：3n3）：不同产地毕希拉格中亚麻酸占总脂肪酸比例在 0.20% ~ 0.84%，产地间差异较大，变异系数为 48.90%，其中，苏尼特右旗、锡林浩特市最高，镶黄旗最低。

表 3-5　不同产地毕希拉格各类脂肪酸含量　　　　单位：%

检测项目	正蓝旗	正镶白旗	镶黄旗	苏尼特左旗	苏尼特右旗	阿巴嘎旗	西乌珠穆沁旗	东乌珠穆沁旗	锡林浩特市	变异系数
总脂肪酸（TFA）	28.10	15.58	21.49	15.75	17.48	26.93	16.47	27.29	19.72	24.82
饱和脂肪酸（SFA）	18.69	9.75	14.25	10.22	11.06	17.66	10.34	18.21	12.91	26.83
不饱和脂肪酸（UFA）	9.41	5.83	7.24	5.52	6.42	9.27	6.13	9.08	6.81	21.24
多不饱和脂肪酸（PUFA）	8.64	5.38	6.56	5.06	5.96	8.38	5.64	8.26	6.25	20.73
单不饱和脂肪酸（MUFA）	0.78	0.45	0.68	0.47	0.46	0.89	0.49	0.82	0.57	27.83

表 3-6 不同产地毕希拉格脂肪酸含量（含量＞ 0.01%）

单位：%

检测项目	正蓝旗	正镶白旗	镶黄旗	苏尼特左旗	苏尼特右旗	阿巴嘎旗	西乌珠穆沁旗	东乌珠穆沁旗	锡林浩特市	变异系数
丁酸（C4:0）	2.02	2.18	1.91	1.94	1.76	1.59	1.76	1.53	1.57	12.32
己酸（C6:0）	0.91	0.76	0.93	0.83	0.84	0.93	0.71	0.96	0.90	9.84
辛酸（C8:0）	0.65	0.42	0.58	0.55	0.58	0.68	0.52	0.69	0.62	14.42
癸酸（C10:0）	2.23	1.58	1.96	2.02	1.99	2.28	1.78	2.39	2.10	12.35
月桂酸（C12:0）	2.73	1.92	2.42	2.43	2.48	2.78	2.40	3.18	2.51	13.46
肉豆蔻酸（C14:0）	12.44	10.62	11.70	11.55	10.72	11.91	9.67	12.76	11.25	8.43
十五碳酸（C15:0）	0.94	1.01	0.98	0.69	0.88	1.07	0.82	0.87	0.96	12.33
棕榈酸（C16:0）	30.78	29.24	32.78	30.38	29.09	30.81	31.68	30.62	30.44	3.68
十七碳酸（C17:0）	0.67	0.80	0.75	0.73	0.67	0.85	0.67	0.70	0.80	8.96
硬脂酸（C18:0）	12.91	13.86	12.12	13.58	14.04	12.45	12.61	12.84	14.02	5.54
花生酸（C20:0）	0.22	0.22	0.16	0.20	0.23	0.23	0.15	0.21	0.27	16.97
肉豆蔻烯酸（C14:1）	0.93	0.69	0.98	0.93	0.78	0.92	0.69	0.95	0.68	15.02
棕榈油酸（C16:1）	1.68	1.91	1.94	1.82	1.68	2.06	2.03	1.82	1.93	7.36
顺 -10- 十七碳一烯酸（C17:1）	0.16	0.27	0.25	0.20	0.19	0.33	0.25	0.23	0.26	20.38
反油酸（C18:1n9t）	3.47	3.76	3.14	3.49	3.28	2.94	2.54	3.11	3.21	10.98
油酸（C18:1n9c）	24.54	28.09	24.75	25.75	27.04	25.46	27.79	24.14	25.51	5.51

续表

检测项目	正蓝旗	正镶白旗	镶黄旗	苏尼特左旗	苏尼特右旗	阿巴嘎旗	西乌珠穆沁旗	东乌珠穆沁旗	锡林浩特市	变异系数
反亚油酸（C18：2n6t）	0.09	0.14	0.12	0.11	0.13	0.13	0.17	0.12	0.12	17.32
亚油酸（C18：2n6c）	2.38	2.27	2.34	2.20	2.80	2.12	3.27	2.09	2.00	16.98
亚麻酸（18：3n3）	0.26	0.26	0.20	0.57	0.84	0.48	0.50	0.81	0.84	48.90
饱和脂肪酸（SFA）	66.50	62.60	66.31	64.92	63.27	65.57	62.77	66.72	65.46	2.50
不饱和脂肪酸（UFA）	33.50	37.39	33.70	35.08	36.73	34.43	37.24	33.27	34.55	4.63
多不饱和脂肪酸（PUFA）	30.73	34.52	30.54	32.12	34.08	31.13	34.27	30.27	31.68	5.30
单不饱和脂肪酸（MUFA）	2.77	2.88	3.16	2.96	2.65	3.31	2.97	3.00	2.87	6.69

3.1.4 维生素

本研究检测了不同产地毕希拉格 4 种维生素含量，结果如表 3-7 所示。由结果可知，①维生素 A：各产地维生素 A 含量在 0.278 ～ 1.318 mg/kg，各产地间差异较大，变异系数为 55.39%，其中，锡林浩特市含量最高，阿巴嘎旗含量最低。②维生素 E：各产地维生素 E 含量在 0.193 ～ 1.030 mg/kg，各产地间差异较大，变异系数为 50.60%，其中，苏尼特右旗含量最高，阿巴嘎旗含量最低。③维生素 B_1：各产地维生素 B_1 含量在 0.937 ～ 1.773 mg/kg，各产地间差异较大，变异系数为 22.57%，其中，苏尼特右旗含量最高，西乌珠穆沁旗含量最低。④维生素 B_2：各产地维生素 B_2 含量在 1.177 ～ 5.595 mg/kg，各产地间差异较大，变异系数为 48.46%，其中，正蓝旗含量最高，苏尼特右旗含量最低。

表 3-7　不同产地毕希拉格维生素含量　　　　　　　单位：mg/kg

产地	维生素 A	维生素 E	维生素 B_1	维生素 B_2
正蓝旗	0.361	0.632	1.073	5.595
正镶白旗	0.353	0.701	0.978	3.753
镶黄旗	0.936	0.803	1.070	4.329
苏尼特左旗	0.708	0.819	0.958	2.930
苏尼特右旗	0.732	1.030	1.773	1.177
阿巴嘎旗	0.278	0.193	1.078	1.803
西乌珠穆沁旗	0.362	0.236	0.937	2.352
东乌珠穆沁旗	0.520	0.272	1.123	1.504
锡林浩特市	1.318	0.543	1.258	4.008
变异系数 /%	55.39	50.60	22.57	48.46

3.1.5 矿物元素

本研究检测了不同产地毕希拉格 10 种矿物元素含量，结果如表 3-8 所示。由结果可知，毕希拉格含有丰富的矿物元素，其中①钾元素：各产地钾含量在 985.31 ～ 1782.10 mg/kg，产地差异较大，变异系数为 17.68%，苏尼特右旗含量最高，西乌珠穆沁旗含量最低。②钠元素：各产地钠含量在 912.52 ～ 1182.72 mg/kg，各产地差异较小，变异系数为 8.45%，镶黄旗含量最高，东乌珠穆沁旗含量最低。③钙元素：各产地钙含量在 1493.66 ～ 3359.94 mg/kg，产地差异较大，变异系数为 27.16%，西乌珠穆沁旗含量最高，东乌珠穆沁旗含量最低。④镁元素：各产地镁含量在 172.89 ～ 214.36 mg/kg，产地差异较小，变异系数为 8.21%，苏尼特右旗含量最高，西乌珠穆沁旗含量最低。⑤铁元素：各产地铁含量在 52.00 ～ 143.43 mg/kg，产地间差异较大，变异系数为 34.85%，锡林浩特市和正镶白旗含量最高，西乌珠穆沁旗含量最低。⑥锌元素：各产地锌含量在 19.59 ～ 41.07 mg/kg，产地差异较大，变异系数为 24.91%，西乌珠穆沁旗含量最高，正蓝旗含量最低。⑦钼元素：各产地钼含量在 38.78 ～ 49.92 mg/kg，各产地差异较小，变异系数为 8.57%，正镶白旗和苏尼特右旗含量最高，阿巴嘎旗含量最低。⑧铜元素：各产地铜含量在 3.51 ～ 5.33 mg/kg，各产地差异较大，变异系数为 12.94%，锡林浩特市含量最高，苏尼特左旗含量最低。⑨磷元素：各产地磷含量在 4.78 ～ 5.76 mg/kg，各产地差异较小，变异系数为 7.08%，苏尼特右旗最高，西乌珠穆沁旗含量最低。⑩锰元素：各产地锰含量在 0.27 ～ 0.65 mg/kg，产地差异较大，变异系数为 32.73%，阿巴嘎旗最高，正蓝旗含量最低。

表 3-8　不同产地毕希拉格矿物元素含量　　　　　单位：mg/kg

产地	钾	钠	钙	镁	铁	锌	钼	铜	磷	锰
正蓝旗	1418.23	1132.17	1743.48	181.09	92.38	19.59	42.70	3.87	5.09	0.27
正镶白旗	1676.90	1106.92	2345.53	211.58	143.00	38.14	49.92	4.01	5.74	0.33
镶黄旗	1683.64	1182.72	1743.34	191.22	78.62	26.25	44.46	3.84	5.25	0.35
苏尼特左旗	1420.84	1100.56	1694.42	186.81	86.75	22.56	44.69	3.51	5.32	0.61
苏尼特右旗	1782.10	1163.46	2169.14	214.36	107.51	38.57	49.46	4.33	5.76	0.28
阿巴嘎旗	1325.19	1063.52	1857.06	173.70	83.43	30.36	38.78	3.74	4.86	0.65
西乌珠穆沁旗	985.31	953.07	3359.94	172.89	52.00	41.07	40.79	3.88	4.78	0.48
东乌珠穆沁旗	1207.79	912.52	1493.66	176.08	57.18	26.20	41.57	4.05	5.58	0.59
锡林浩特市	1369.75	1059.75	2040.16	195.70	143.43	34.92	46.29	5.33	5.71	0.48
变异系数 /%	17.68	8.45	27.16	8.21	34.85	24.91	8.57	12.94	7.08	32.73

3.1.6 聚类分析

以不同产地毕希拉格的各项营养指标测定数据为聚类依据，以不同品种为聚类对象，聚类结果如附图 1 所示。其中，两个向量维度分别解释了 53.48% 和 24.93% 的结果，累计解释了 78.41% 的聚类结果。各品种有明显区分界线，说明各产地毕希拉格具有明显差异，毕希拉格品质与产地因素有密切关联。

3.1.7 小结

本研究从锡林郭勒盟 9 个主产区采集了共计 25 批次的毕希拉格，对其常规营养、氨基酸、脂肪酸、维生素、矿物元素含量进行了检测分析。

（1）正蓝旗：脂肪（31.66%）、总脂肪酸（28.10%）、饱和脂肪酸（18.69%）、不饱和脂肪酸（9.41%）、多不饱和脂肪酸（8.64%）、维生素 B_2（5.595%）。

（2）正镶白旗：反油酸（3.76%FA）、油酸（28.09%FA）、铁元素（143.00 mg/kg）、锰元素（0.33 mg/kg）。

（3）镶黄旗：棕榈酸（32.78% FA）、钾元素（1683.64 mg/kg）、镁元素（191.22 mg/kg）、钼元素（44.46 mg/kg）。

（4）苏尼特左旗：乳糖（4.18%）、钠元素（1100.56 mg/kg）、锌元素（22.56 mg/kg）、铜元素（3.51 mg/kg）。

（5）苏尼特右旗：硬脂酸（14.04%FA）、亚麻酸（0.84%FA）、维生素 B_1（1.773%）。

（6）阿巴嘎旗：棕榈油酸（2.06%FA）、钙元素（1857.06 mg/kg）。

（7）西乌珠穆沁旗：亚油酸（0.17%FA）。

（8）东乌珠穆沁旗：蛋白质（64.02%）、维生素 E（0.272%）。

（9）锡林浩特市：总氨基酸（58.96%）、必需氨基酸（24.55%）、亮氨酸（5.27%）、异亮氨酸（2.85%）、苯丙氨酸（2.89%）、组氨酸（1.86%）、赖氨酸（4.05%）、缬氨酸（3.78%）、非必需氨基酸（34.41%）、谷氨酸（13.12%）、脯氨酸（5.53%）、EAA/TAA（41.64%）、维生素 A（1.318%）、磷元素（5.71 mg/kg）。

3.2 不同产地楚拉品质差异分析

3.2.1 常规营养品质

锡林郭勒盟不同产地楚拉常规营养检测结果如表 3-9 所示。由表可知，不同产地楚拉营养成分变异系数在 9.55% ～ 34.38%，其中：①乳糖：不同产地楚拉乳糖含量范围在 1.93% ～ 8.24%，各产地之间差异较大，变异系数为 34.38%，其中，镶黄旗楚拉乳糖含量最高，西乌珠穆沁旗乳糖含量最低。②蛋白质：不同产地楚拉蛋白质含量范围在 46.38% ～ 65.78%，变异系数为 9.55%。阿巴嘎旗楚拉蛋白质含量最高，其次为正蓝旗和苏尼特左旗楚拉蛋白质含量分别为 61.64% 和 60.84%，东乌珠穆沁旗楚拉蛋白质含量最低。③脂肪：不同产地楚拉脂肪含量范围在 12.65% ～ 32.72%，产地差异较大，变异系数为 23.06%。其中，西乌珠穆沁旗楚拉脂肪含量最高，其次为镶黄旗楚拉，为 26.91%，苏尼特左旗楚拉脂肪含量最低。④水分：不同产地楚拉中水分含量范围在 11.49% ～ 19.42%，产地差异较大，变异系数为 16.36%。⑤灰分：不同产地楚拉灰分含量范围在 2.16% ～ 3.02%，变异系数为 10.28%。其中，锡林浩特市楚拉灰分含量最高，其次为阿巴嘎旗、西乌珠穆沁旗、东乌珠穆沁旗，含量范围在 2.91% ～ 2.94%，产地差异较小。

不同产地楚拉乳糖、脂肪和水分含量之间差异较大，其中，镶黄旗乳糖含量最高，西乌珠穆沁旗脂肪含量最高。苏尼特左旗楚拉脂肪含量最低，更适合低脂肪摄入人群食用。

表 3-9　不同产地楚拉常规营养成分含量　　　　　　　　单位：%

检测项目	乳糖	蛋白质	脂肪	水分	灰分
正蓝旗	5.78	61.64	21.70	13.56	2.85
正镶白旗	5.54	57.33	20.85	17.82	2.42
镶黄旗	8.24	56.66	26.91	11.49	2.16
苏尼特左旗	5.62	60.84	12.65	18.48	2.46
苏尼特右旗	3.83	52.78	24.34	19.42	2.77

续表

检测项目	乳糖	蛋白质	脂肪	水分	灰分
阿巴嘎旗	3.18	65.78	19.58	12.84	2.91
西乌珠穆沁旗	1.93	52.47	32.72	14.53	2.94
东乌珠穆沁旗	5.79	46.38	24.56	15.27	2.91
锡林浩特市	5.02	57.84	20.33	16.00	3.02
变异系数	34.38	9.55	23.06	16.36	10.28

3.2.2　氨基酸

　　不同产地锡林郭勒楚拉 17 种氨基酸含量，总氨基酸、必需氨基酸和非必需氨基酸含量如表 3-10 所示。由结果可知，楚拉含有丰富的氨基酸，其中，①总氨基酸含量：不同产地总氨基酸含量在 47.34% ～ 59.70%，各产地总氨基酸含量差异较小，变异系数为 8.01%。锡林浩特市、苏尼特左旗、正蓝旗总氨基酸含量较高，平均含量分别为 59.70%、58.34%、57.42%，西乌珠穆沁旗氨基酸含量最低。②必需氨基酸：不同产地必需氨基酸含量在 19.74% ～ 24.97%，各产地非必需氨基酸含量差异较小，变异系数为 8.06%。锡林浩特市、苏尼特左旗、正蓝旗必需氨基酸含量较高，平均含量分别为 24.97%、24.21%、23.78%。西乌珠穆沁旗含量较低，平均含量为 19.74%。③EAA/TAA：各产地必需氨基酸占总氨基酸比例在 41.24% ～ 41.91%，各产地之间差异不大。④EAA/NEAA：各产地间必需氨基酸占非必需氨基酸含量比例在 70.20% ～ 72.16%，各产地之间差异较小。

　　锡林郭勒楚拉中含有丰富的不同种类必需氨基酸，产地间差异较大，变异系数为 7.52% ～ 9.92%，其中蛋氨酸和赖氨酸在各产地间差异较大，变异系数分别为 9.92% 和 9.08%。各产地楚拉蛋氨酸含量在 1.25% ～ 1.71%，苏尼特左旗楚拉蛋氨酸含量最高，西乌珠穆沁旗楚拉蛋氨酸含量最低。此外，楚拉亮氨酸、赖氨酸、缬氨酸、异亮氨酸、苯丙氨酸、苏氨酸和组氨酸量丰富，各产地含量分别在 4.23% ～ 5.32%、3.24% ～ 4.22%、3.03% ～ 3.83%、2.28% ～ 2.88%、2.35% ～ 2.96%、1.78% ～ 2.29% 和 1.51% ～ 1.90%。不同产地楚拉必需氨基酸种类和含量中，锡林浩特市楚拉亮氨酸、赖氨酸、缬氨酸、异亮氨酸、苯丙氨酸、苏氨酸、组氨酸，苏尼特左旗亮氨酸赖氨酸、缬氨酸、苯丙氨酸、苏氨酸、组氨酸，苏尼特右旗赖氨酸，正蓝旗缬氨酸、异亮氨酸含量较为丰富（表 3-11）。

除必需氨基酸以外，锡林郭勒楚拉含有丰富的谷氨酸、脯氨酸、天冬氨酸、酪氨酸、丝氨酸等非必需氨基酸，含量范围分别在 10.46% ～ 13.26%、4.25% ～ 5.43%、3.28% ～ 4.13%、2.58% ～ 3.25%、2.48% ～ 3.13%，锡林浩特市、东乌珠穆沁旗、西乌珠穆沁旗楚拉表现优异。

不同产地楚拉必需氨基酸组分（占总氨基酸百分比）如表 3-11 所示。苏氨酸、蛋氨酸 + 半胱氨酸含量较低于 FAO/WHO 推荐模式，为限制性氨基酸，组氨酸为婴儿必需氨基酸，已满足 FAO/WHO 推荐模式的含量要求；其他必需氨基酸均远超过 FAO/WHO 推荐模式的含量，表明各产地奶豆腐具备较优的必需氨基酸组合比例。通过计算必需氨基酸的比值系数分（SRC），得出各产地的 FAO/WHO 推荐模式 SRC 评分如表 3-12 所示，苏尼特左旗最高（75.39），阿巴嘎旗较低（73.02）。

表 3-10　不同产地楚拉氨基酸含量　　　　　　　　单位：%

检测项目	正蓝旗	正镶白旗	镶黄旗	苏尼特左旗	苏尼特右旗	阿巴嘎旗	西乌珠穆沁旗	东乌珠穆沁旗	锡林浩特市	变异系数
氨基酸总量	57.42	53.45	51.57	58.34	54.85	48.34	47.34	52.40	59.70	8.01
必需氨基酸	23.78	22.21	21.27	24.21	22.99	20.12	19.74	21.90	24.97	8.06
苏氨酸	2.22	2.06	2.00	2.25	2.08	1.78	1.83	2.01	2.29	8.63
缬氨酸	3.70	3.41	3.27	3.67	3.52	3.11	3.03	3.41	3.83	7.87
蛋氨酸	1.53	1.43	1.38	1.71	1.47	1.29	1.25	1.38	1.57	9.92
异亮氨酸	2.78	2.56	2.44	2.75	2.66	2.35	2.28	2.54	2.88	7.86
亮氨酸	5.14	4.78	4.62	5.22	4.91	4.37	4.23	4.75	5.32	7.76
苯丙氨酸	2.80	2.63	2.55	2.85	2.73	2.40	2.35	2.59	2.96	7.68
赖氨酸	3.79	3.63	3.34	3.89	3.86	3.24	3.26	3.54	4.22	9.08
组氨酸	1.82	1.71	1.67	1.87	1.76	1.58	1.51	1.68	1.90	7.52
非必需氨基酸	33.64	31.24	30.30	34.13	31.86	28.22	27.60	30.50	34.73	8.00
半胱氨酸	0.32	0.32	0.31	0.38	0.34	0.25	0.29	0.27	0.33	12.38
酪氨酸	3.06	2.87	2.76	3.18	2.96	2.60	2.58	2.80	3.25	8.22
丝氨酸	3.02	2.81	2.76	3.11	2.85	2.56	2.48	2.75	3.13	8.02
谷氨酸	12.79	11.91	11.48	12.92	12.18	10.82	10.46	11.64	13.26	7.96
脯氨酸	5.43	4.86	4.89	5.24	4.82	4.40	4.25	4.86	5.32	8.09
甘氨酸	1.08	1.03	0.98	1.11	1.05	0.89	0.90	0.98	1.12	8.31

续表

检测项目	正蓝旗	正镶白旗	镶黄旗	苏尼特左旗	苏尼特右旗	阿巴嘎旗	西乌珠穆沁旗	东乌珠穆沁旗	锡林浩特市	变异系数
丙氨酸	2.08	1.94	1.85	2.18	1.99	1.65	1.76	1.84	2.15	9.27
天冬氨酸	3.94	3.70	3.56	4.05	3.82	3.40	3.28	3.60	4.13	7.79
精氨酸	1.92	1.80	1.71	1.96	1.85	1.65	1.60	1.76	2.04	8.09
EAA/TAA	41.41	41.55	41.24	41.50	41.91	41.62	41.70	41.79	41.83	
EAA/NEAA	70.69	71.09	70.20	70.93	72.16	71.30	71.52	71.80	71.90	

表 3-11　不同产地楚拉氨基酸成分（占总氨基酸）　　单位：%

产地	苏氨酸	缬氨酸	蛋氨酸+半胱氨酸	异亮氨酸	亮氨酸	苯丙氨酸+酪氨酸	赖氨酸	组氨酸
正蓝旗	3.87	6.44	3.22	4.84	8.95	10.21	6.60	3.17
正镶白旗	3.85	6.38	3.27	4.79	8.94	10.29	6.79	3.20
镶黄旗	3.88	6.34	3.28	4.73	8.96	10.30	6.48	3.24
苏尼特左旗	3.86	6.29	3.58	4.71	8.95	10.34	6.67	3.21
苏尼特右旗	3.79	6.42	3.30	4.85	8.95	10.37	7.04	3.21
阿巴嘎旗	3.68	6.43	3.19	4.86	9.04	10.34	6.70	3.27
西乌珠穆沁旗	3.87	6.40	3.25	4.82	8.94	10.41	6.89	3.19
东乌珠穆沁旗	3.84	6.51	3.15	4.85	9.06	10.29	6.76	3.21
锡林浩特市	3.84	6.42	3.18	4.82	8.91	10.40	7.07	3.18
FAO/WHO 推荐模式	4.00	5.00	3.50	4.00	7.00	6.00	5.50	1.70

表 3-12　不同产地楚拉必需氨基酸成分 FAO/WHO 模式评分

氨基酸来源		苏氨酸	缬氨酸	蛋氨酸+半胱氨酸	异亮氨酸	亮氨酸	苯丙氨酸+酪氨酸	赖氨酸	组氨酸	SRC
FAO/WHO 模式	mg/g	40	50	35	40	70	60	55	17	
正蓝旗	RAA	0.97	1.29	0.92	1.21	1.28	1.70	1.20	1.86	74.84
	RC	0.74	0.99	0.71	0.93	0.98	1.30	0.92	1.43	
正镶白旗	RAA	0.96	1.28	0.94	1.20	1.28	1.71	1.23	1.88	74.65
	RC	0.74	0.97	0.71	0.91	0.98	1.31	0.94	1.44	

续表

氨基酸来源		苏氨酸	缬氨酸	蛋氨酸+半胱氨酸	异亮氨酸	亮氨酸	苯丙氨酸+酪氨酸	赖氨酸	组氨酸	SRC
镶黄旗	RAA	0.97	1.27	0.94	1.18	1.28	1.72	1.18	1.90	73.91
	RC	0.74	0.97	0.72	0.91	0.98	1.32	0.90	1.46	
苏尼特左旗	RAA	0.96	1.26	1.02	1.18	1.28	1.72	1.21	1.89	75.39
	RC	0.73	0.96	0.78	0.90	0.97	1.31	0.92	1.43	
苏尼特右旗	RAA	0.95	1.28	0.94	1.21	1.28	1.73	1.28	1.89	74.62
	RC	0.72	0.97	0.71	0.92	0.97	1.31	0.97	1.43	
阿巴嘎旗	RAA	0.92	1.29	0.91	1.22	1.29	1.72	1.22	1.92	73.02
	RC	0.70	0.98	0.69	0.93	0.98	1.31	0.93	1.47	
西乌珠穆沁旗	RAA	0.97	1.28	0.93	1.20	1.28	1.74	1.25	1.88	74.60
	RC	0.73	0.97	0.71	0.92	0.97	1.32	0.95	1.43	
东乌珠穆沁旗	RAA	0.96	1.30	0.90	1.21	1.29	1.71	1.23	1.89	74.18
	RC	0.73	0.99	0.69	0.92	0.99	1.31	0.94	1.44	
锡林浩特市	RAA	0.96	1.28	0.91	1.21	1.27	1.73	1.29	1.87	74.42
	RC	0.73	0.98	0.69	0.92	0.97	1.32	0.98	1.42	

3.2.3 脂肪酸

本研究总共检测了锡林郭勒楚拉 37 种脂肪酸成分，检测出占总脂肪酸成分高于 0.01% 的共 19 种，占总脂肪酸比例如表 3–13 所示。总脂肪酸、饱和脂肪酸、多不饱和脂肪酸和单不饱和脂肪酸含量如表 3–13 所示。

由表 3–13 可知，各产地间总脂肪酸、饱和脂肪酸、不饱和脂肪酸、多不饱和脂肪酸和单不饱和脂肪酸差异较大，变异系数在 20.04% ～ 27.55%，其中，①总脂肪酸含量：各产地楚拉总脂肪酸含量范围在 12.08% ～ 28.22%，西乌珠穆沁旗含量最高，苏尼特左旗含量最低。②饱和脂肪酸：各产地楚拉饱和脂肪酸含量范围在 7.56% ～ 18.60%，西乌珠穆沁旗含量最高，苏尼特左旗含量最低，其中，主要为肉豆蔻酸（C14:0）、棕榈酸（C16:0）、硬脂酸（C18:0）等。③不饱和脂肪酸：各产地楚拉不饱和脂肪酸含量范围在

4.53% ～ 9.62%，西乌珠穆沁旗含量最高，苏尼特左旗含量最低。④多不饱和脂肪酸：各产地楚拉多不饱和脂肪酸含量范围在 4.14% ～ 8.72%，西乌珠穆沁旗含量最高，苏尼特左旗含量最低，其中，主要为油酸（C18：1n9c）、亚油酸（C18：2n6c）和反油酸（C18：1n9t）。⑤单不饱和脂肪酸：各产地楚拉单不饱和脂肪酸含量范围在 0.38% ～ 0.90%，西乌珠穆沁旗含量最高，苏尼特左旗含量最低，主要为肉豆蔻酸（C14：1）、棕榈酸（C16：1）。

由表 3-14 可知，各产地楚拉中检出的主要脂肪酸为丁酸（C4：0）、己酸（C6：0）、辛酸（C8：0）、癸酸（C10：0）、月桂酸（C12：0）、肉豆蔻酸（C14：0）、十五碳酸（C15：0）、棕榈酸（C16：0）、十七碳酸（C17：0）、硬脂酸（C18：0）、花生酸（C20：0）、肉豆蔻烯酸（C14：1）、棕榈油酸（C16：1）、顺 -10- 十七碳一烯酸（C17：1）、反油酸（C18：1n9t）、油酸（C18：1n9c）、反亚油酸（C18：2n6t）、亚油酸（C18：2n6c）。①丁酸（C4：0）：不同产地楚拉中丁酸占总脂肪酸比例在 1.35% ～ 2.30%，产地间差异较大，变异系数为 17.07%，其中，锡林浩特市最高，苏尼特左旗最低。②己酸（C6：0）：不同产地楚拉中己酸占总脂肪酸比例在 0.74% ～ 0.91%，产地间差异较小，变异系数为 6.51%。③辛酸（C8：0）：不同产地楚拉中辛酸占总脂肪酸比例在 0.50% ～ 0.64%，产地间差异较小，变异系数为 9.87%。④癸酸（C10：0）：不同产地楚拉中癸酸占总脂肪酸比例在 1.80% ～ 2.21%，产地间差异较小，变异系数为 8.11%，其中，西乌珠穆沁旗最高，正镶白旗最低。⑤月桂酸（C12：0）：不同产地楚拉中月桂酸占总脂肪酸比例在 2.13% ～ 2.81%，产地间差异较小，变异系数为 9.70%，其中，西乌珠穆沁旗、东乌珠穆沁旗最高，苏尼特右旗最低。⑥肉豆蔻酸（C14：0）：不同产地楚拉中肉豆蔻占总脂肪酸比例在 9.67% ～ 11.60%，产地间差异较小，变异系数为 5.77%，其中，镶黄旗最高，苏尼特右旗最低。⑦十五碳酸（C15：0）：不同产地楚拉中十五碳酸占总脂肪酸比例在 0.82% ～ 1.11%，产地间差异较小，变异系数为 9.92%，其中，正蓝旗最高，东乌珠穆沁旗最低。⑧棕榈酸（C16：0）：不同产地楚拉中棕榈酸占总脂肪酸比例在 27.23% ～ 32.98%，产地间差异较小，变异系数为 5.72%，其中，西乌珠穆沁旗最高，苏尼特右旗最低。⑨十七碳酸（C17：0）：不同产地楚拉中十七碳酸占总脂肪酸比例在 0.66% ～ 0.80%，产地间差异较小，变异系数为 5.22%，其中，正蓝旗最高，西乌珠穆沁旗最低。⑩硬脂酸（C18：0）：不同产地楚拉中硬脂酸占总脂肪酸比例在 11.64% ～ 13.80%，产地间差异较小，变异系数为 7.06%，其中，锡林浩特市最高，西乌珠穆沁旗最低。⑪花生酸（C20：0）：不同产地楚拉中花生酸占总脂肪酸比例在 0.14% ～ 0.28%，产地间差异较大，变异系数为 18.87%，其中，锡林浩特市最高，西乌珠穆沁旗最低。⑫肉豆蔻烯酸（C14∶1）：不同产地楚拉中肉豆蔻烯酸占总脂肪酸比例在 0.61% ～ 0.95%，产地间差异较大，变异系数为 12.52%，其中，阿巴嘎旗最高，锡林浩特市最低。⑬棕榈油酸（C16∶1）：不同产地楚拉中棕榈油酸占总脂肪酸比例在 1.76% ～ 2.10%，产地间差异较小，变异系数为 7.59%，其中，苏尼特左旗和阿巴嘎旗最高，苏尼特右旗最低。⑭顺 -10- 十七碳一烯酸（C17∶1）：不同产地楚拉中顺 -10- 十七碳一烯酸占总脂肪酸比例在 0.22% ～ 0.29%，产地间差异较小，变异系数为 9.84%。⑮反油酸（C18∶1n9t）：不同产地楚拉中反油酸占总脂肪酸比例在 2.49% ～ 4.41%，产地间差异较大，变异系数为 19.37%，其中，苏尼特右旗最高，阿巴嘎旗最低。⑯油酸（C18∶1n9c）：不同产地楚拉中油酸占总脂肪酸比例在 24.44% ～ 28.09%，产地间差异较小，变异系数为 4.83%，其中，苏尼特右旗最高，镶黄旗最低。⑰反亚油酸（C18∶2n6t）：不同产地楚拉中反亚油酸占总脂肪酸比例在 0.11% ～ 0.17%，产地间差异较大，变异系数为 15.57%。⑱亚油酸（C18∶2n6c）：不同产地楚拉中亚油酸占总脂肪酸比例在 2.04% ～ 4.04%，产地间差异较大，变异系数为 25.34%，其中，锡林浩特市最高，东乌珠穆沁旗最低。⑲亚麻酸（18∶3n3）：不同产地楚拉中亚麻酸占总脂肪酸比例在 0.65% ～ 1.12%，产地间差异较大，变异系数为 20.91%，其中，苏尼特右旗最高，西乌珠穆沁旗最低。

表 3–13　不同产地楚拉各类脂肪酸含量　　　单位：%

检测项目	正蓝旗	正镶白旗	镶黄旗	苏尼特左旗	苏尼特右旗	阿巴嘎旗	西乌珠穆沁旗	东乌珠穆沁旗	锡林浩特市	变异系数
总脂肪酸（TFA）	18.73	18.59	24.15	12.08	17.78	21.18	28.22	22.63	16.36	23.59
饱和脂肪酸（SFA）	12.33	11.97	15.85	7.56	10.76	13.44	18.60	14.86	10.30	25.57
不饱和脂肪酸（UFA）	6.40	6.62	8.30	4.53	7.03	7.74	9.62	7.77	6.06	20.53
多不饱和脂肪酸（PUFA）	5.82	6.09	7.58	4.14	6.54	7.03	8.72	7.04	5.62	20.04
单不饱和脂肪酸（MUFA）	0.57	0.53	0.72	0.38	0.49	0.70	0.90	0.72	0.43	27.55

表3-14 不同产地楚拉脂肪酸含量（含量＞0.01%）

单位：%

检测项目	正蓝旗	正镶白旗	镶黄旗	苏尼特左旗	苏尼特右旗	阿巴嘎旗	西乌珠穆沁旗	东乌珠穆沁旗	锡林浩特市	变异系数
丁酸（C4:0）	1.73	1.57	1.52	1.35	2.00	1.76	1.86	2.14	2.30	17.07
己酸（C6:0）	0.82	0.81	0.87	0.74	0.79	0.88	0.89	0.91	0.84	6.51
辛酸（C8:0）	0.54	0.51	0.60	0.51	0.50	0.59	0.64	0.63	0.52	9.87
癸酸（C10:0）	2.15	1.80	2.09	1.82	1.81	1.90	2.21	2.11	2.05	8.11
月桂酸（C12:0）	2.61	2.34	2.53	2.30	2.13	2.68	2.81	2.81	2.34	9.70
肉豆蔻酸（C14:0）	11.54	11.27	11.60	10.46	9.67	11.44	11.11	11.44	10.74	5.77
十五碳酸（C15:0）	1.11	1.06	0.98	0.87	0.92	0.88	0.96	0.82	0.90	9.92
棕榈酸（C16:0）	31.94	30.78	31.34	31.15	27.23	30.56	32.98	30.71	28.43	5.72
十七碳酸（C17:0）	0.80	0.78	0.75	0.72	0.75	0.72	0.66	0.75	0.76	5.22
硬脂酸（C18:0）	12.39	13.25	13.15	12.45	14.45	11.85	11.64	13.16	13.80	7.06
花生酸（C20:0）	0.22	0.22	0.20	0.17	0.25	0.21	0.14	0.20	0.28	18.87
肉豆蔻烯酸（C14:1）	0.88	0.80	0.91	0.79	0.75	0.95	0.88	0.81	0.61	12.52
棕榈油酸（C16:1）	1.93	1.78	1.85	2.10	1.76	2.10	2.08	2.09	1.82	7.59
顺-10-十七碳一烯酸（C17:1）	0.26	0.27	0.23	0.29	0.25	0.27	0.24	0.29	0.22	9.84
反油酸（C18:1n9t）	3.04	3.68	3.46	2.77	4.41	2.49	2.74	2.73	2.92	19.37
油酸（C18:1n9c）	24.89	25.64	24.44	27.58	28.09	26.23	24.84	25.57	26.58	4.83

续表

检测项目	正蓝旗	正镶白旗	镶黄旗	苏尼特左旗	苏尼特右旗	阿巴嘎旗	西乌珠穆沁旗	东乌珠穆沁旗	锡林浩特市	变异系数
反亚油酸（C18：2n6t）	0.15	0.14	0.13	0.12	0.14	0.15	0.17	0.11	0.11	15.57
亚油酸（C18：2n6c）	2.13	2.23	2.39	3.05	3.01	3.64	2.49	2.04	4.04	25.34
亚麻酸（18：3n3）	0.89	1.07	0.96	0.75	1.12	0.69	0.65	0.69	0.73	20.91
饱和脂肪酸（SFA）	65.85	64.39	65.63	62.54	60.49	63.47	65.91	65.68	62.97	2.94
不饱和脂肪酸（UFA）	34.16	35.61	34.36	37.45	39.51	36.53	34.09	34.33	37.03	5.25
多不饱和脂肪酸（PUFA）	31.09	32.76	31.37	34.27	36.77	33.21	30.89	31.13	34.38	6.08
单不饱和脂肪酸（MUFA）	3.06	2.85	2.99	3.18	2.76	3.32	3.20	3.19	2.65	7.54

3.2.4 维生素

本研究检测了不同产地楚拉 4 种维生素含量,结果如表 3-15 所示。由结果可知,①维生素 A:各产地维生素 A 含量在 0.586 ~ 1.268 mg/kg,各产地间差异较大,变异系数为 23.86%,其中,正蓝旗含量最高,锡林浩特市含量最低。②维生素 E:各产地维生素 E 含量在 0.257 ~ 0.679 mg/kg,各产地间差异较大,变异系数为 39.10%,其中,正蓝旗含量最高,苏尼特左旗含量最低。③维生素 B_1:各产地维生素 B_1 含量在 0.985 ~ 1.739 mg/kg,各产地间差异较大,变异系数为 16.79%,其中,正蓝旗含量最高,锡林浩特市含量最低。④维生素 B_2:各产地维生素 B_2 含量在 1.676 ~ 3.445 mg/kg,各产地间差异较大,变异系数为 18.48%,其中,苏尼特左旗含量最高,苏尼特右旗含量最低。

表 3-15　不同产地楚拉维生素含量　　　　单位:mg/kg

检测项目	维生素 A	维生素 E	维生素 B_1	维生素 B_2
正蓝旗	1.268	0.679	1.739	2.586
正镶白旗	0.705	0.589	1.523	3.029
镶黄旗	1.155	0.258	1.328	3.042
苏尼特左旗	0.959	0.257	1.567	3.445
苏尼特右旗	0.856	0.420	1.328	1.676
阿巴嘎旗	1.012	0.552	1.530	2.868
西乌珠穆沁旗	0.807	0.319	1.267	3.344
东乌珠穆沁旗	1.143	0.269	1.159	2.583
锡林浩特市	0.586	0.340	0.985	2.879
变异系数 /%	23.86	39.10	16.79	18.48

3.2.5 矿物元素

本研究检测了不同产地楚拉 10 种矿物元素含量,结果如表 3-16 所示。由结果可知,楚拉含有丰富的矿物元素,其中①钾元素:各产地钾含量在 1393.98 ~ 2605.61 mg/kg,产地差异较大,变异系数为 22.43%,镶黄旗含量最高，西乌珠穆沁旗含量最低。②钠元素：各产地钠含量在 420.88 ～ 1062.44 mg/kg，产地差异较大，变异系数为 40.06%，苏尼特左旗含量最高，西乌珠穆沁旗含量最低。③钙元素：各产地钙含量在 1495.67 ～ 2163.68 mg/kg，产地差异较大，变异系数为 14.01%，阿巴嘎旗含量最高，西乌珠穆沁旗含量最低。④镁元素：各产地镁含量在 226.53 ～ 302.39 mg/kg，产地差异较小，变异系数为 11.55%，镶黄旗含量最高，苏尼特右旗含量最低。⑤铁元素：各产地铁含量在 86.62 ～ 540.45 mg/kg，产地间差异较大，变异系数为 92.29%，正镶白旗含量最高，东乌珠穆沁旗含量最低。⑥锌元素：各产地锌含量在 31.64 ～ 51.18 mg/kg，产地差异较大，变异系数为 13.35%，苏尼特左旗含量最高，苏尼特右旗含量最低。⑦钼元素：各产地钼含量在 51.35 ～ 67.81 mg/kg，产地差异较大，变异系数为 10.97%，镶黄旗含量最高，苏尼特右旗和西乌珠穆沁旗含量最低。⑧铜元素：各产地铜含量在 7.92 ～ 13.11 mg/kg，产地差异较大，变异系数为 12.97%，苏尼特左旗含量最高，正蓝旗含量最低。⑨磷元素：各产地磷含量在 2.84 ～ 4.53 mg/kg，产地差异较大，变异系数为 14.81%，锡林浩特市含量最高，苏尼特右旗含量最低。⑩锰元素：各产地锰含量在 0.32 ～ 2.97 mg/kg，产地差异较大，变异系数为 95.48%，正镶白旗最高，西乌珠穆沁旗和东乌珠穆沁旗含量最低。

表 3–16　不同产地楚拉矿物元素含量　　　　　单位：mg/kg

检测项目	钾	钠	钙	镁	铁	锌	钼	铜	磷	锰
正蓝旗	1770.06	966.13	2109.42	250.14	93.89	43.68	56.28	7.92	4.46	0.65
正镶白旗	2078.16	627.67	2062.68	248.05	540.45	45.66	59.11	12.05	3.77	2.97
镶黄旗	2605.61	1000.39	1884.48	302.39	100.78	41.76	67.81	12.50	3.85	0.71
苏尼特左旗	2405.37	1062.44	2154.35	300.24	123.44	51.18	66.89	13.11	4.01	1.78
苏尼特右旗	1862.12	467.45	1853.78	226.53	102.93	31.64	51.35	12.79	2.84	0.39
阿巴嘎旗	1851.86	531.49	2163.68	243.51	98.37	45.34	54.95	12.44	3.05	0.72
西乌珠穆沁旗	1393.98	420.88	1495.67	227.42	126.86	37.13	51.46	11.83	3.94	0.34
东乌珠穆沁旗	1484.78	455.36	1534.14	228.93	86.62	39.51	52.09	12.26	4.07	0.32
锡林浩特市	1462.83	453.07	1666.54	244.35	139.19	40.96	54.83	11.75	4.53	0.47
变异系数 /%	22.43	40.06	14.01	11.55	92.29	13.35	10.97	12.97	14.81	95.48

3.2.6　聚类分析

以不同产地楚拉的各项营养指标测定数据为聚类依据，以不同品种为聚类对象，聚类结果如附图 2 所示。其中，两个向量维度分别解释了 48.2% 和 24.9% 的结果，累计解释了 73.1% 的聚类结果。各品种有明显区分界线，说明各产地楚拉具有明显差异，楚拉品质与产地因素有密切关联。

3.2.7　小结

本研究从锡林郭勒盟 9 个主产区采集了共计 33 批次的楚拉，对其常规营养、氨基酸、脂肪酸、维生素、矿物元素含量进行了检测分析。

（1）正蓝旗：总氨基酸（57.42%）、必需氨基酸（23.78%）、维生素 A（1.268 mg/kg）、维生素 E（0.679 mg/kg）、维生素 B_1（1.739 mg/kg）。

（2）正镶白旗：铁元素（540.45 mg/kg）。

（3）镶黄旗：乳糖（8.24%）、钾元素（2605.61 mg/kg）。

（4）苏尼特左旗：总氨基酸（58.34%）、必需氨基酸（24.21%）、维生素 B_2（3.445 mg/kg）、锌元素（51.18 mg/kg）。

（5）苏尼特右旗：镁元素（226.53 mg/kg）。

（6）阿巴嘎旗：蛋白质（65.78%）、钙元素（2163.68 mg/kg）。

（7）西乌珠穆沁旗：脂肪（32.72%）、总脂肪酸（28.22%）、饱和脂肪酸（18.60%）、不饱和脂肪酸（9.62%）、多不饱和脂肪酸（8.72%）、单不饱和脂肪酸（0.90%）。

（8）锡林浩特市：总氨基酸（59.7%）、必需氨基酸（24.97%）、亮氨酸（5.32%）、赖氨酸（4.22%）、缬氨酸（3.83%）、异亮氨酸（2.88%）、苯丙氨酸（2.96%）、苏氨酸（2.29%）、组氨酸（1.90%）。

3.3　不同产地酸酪蛋品质差异分析

因各地地方特色有所不同，酸酪蛋生产旗市较少，本次采样从正蓝旗、镶黄旗、正镶白旗、西乌珠穆沁旗、阿巴嘎旗、苏尼特左旗、锡林浩特市等 7 个旗市的酸酪蛋样本，并对其品质进行检测分析。

3.3.1 常规营养

锡林郭勒盟不同产地酸酪蛋常规营养检测结果如表 3-17 所示。由表可知，不同产地酸酪蛋营养成分变异系数在 11.40% ~ 52.83%，其中：①乳糖：不同产地酸酪蛋乳糖含量范围在 1.33% ~ 4.63%，除阿巴嘎旗酸酪蛋乳糖含量最高以外，其他产地之间差异较小，正蓝旗乳糖含量最低，含量为 1.33%。②蛋白质：不同产地酸酪蛋蛋白质含量范围在 20.25% ~ 56.10%，各地之间差异较大，变异系数为 34.15%。其中，正镶白旗酸酪蛋蛋白质含量最高，为 44.46%，其次为苏尼特左旗和西乌珠穆沁旗酸酪蛋，蛋白质含量分别为 43.28% 和 41.86%，正蓝旗和镶黄旗酸酪蛋蛋白质含量较低，分别为 21.35% 和 20.25%。③脂肪：不同产地酸酪蛋脂肪含量范围在 16.61% ~ 53.05%，产地差异较大，变异系数为 34.81%。其中，正蓝旗酸酪蛋脂肪含量最高，为 53.05%，其次为镶黄旗酸酪蛋，为 45.85%，西乌珠穆沁旗酸酪蛋脂肪含量最低，为 16.61%。④水分：不同产地酸酪蛋中水分含量范围在 12.50% ~ 38.85%，除西乌珠穆沁旗酸酪蛋水分含量最高以外，其他产地酸酪蛋水分含量在 12.50% ~ 18.74%。⑤灰分：不同产地酸酪蛋灰分含量范围在 2.04% ~ 3.17%，变异系数为 49.71%。其中，正镶白旗酸酪蛋灰分含量最高，为 3.17%。

不同产地酸酪蛋乳糖、蛋白质、脂肪含量之间差异较大，其中，阿巴嘎旗乳糖含量高，正镶白旗和苏尼特左旗蛋白质含量较高，正蓝旗酸酪蛋脂肪含量最高。西乌珠穆沁旗脂肪含量最低，更适合低脂肪摄入人群食用。

表 3-17 不同产地酸酪蛋常规营养成分含量 单位：%

检测项目	乳糖	蛋白质	脂肪	水分	灰分
正蓝旗	1.33	21.35	53.05	16.16	2.04
镶黄旗	1.82	20.25	45.85	18.74	2.16
正镶白旗	1.43	44.46	31.05	13.25	3.17
西乌珠穆沁旗	1.61	41.86	16.61	38.85	2.99
阿巴嘎旗	4.63	37.92	31.39	18.23	2.58
苏尼特左旗	2.36	43.28	34.36	12.50	2.83
锡林浩特市	3.72	56.10	28.00	12.80	2.80
变异系数	52.83	34.15	34.81	11.40	49.71

3.3.2 氨基酸

锡林郭勒不同产地酸酪蛋 17 种氨基酸含量，总氨基酸、必需氨基酸和非必需氨基酸含量如表 3-18 所示。由结果可知，酸酪蛋含有丰富的氨基酸，其中，①总氨基酸含量：不同产地总氨基酸含量在 19.14% ～ 46.95%，各产地总氨基酸含量差异较大，变异系数为 31.02%。锡林浩特市、正镶白旗总氨基酸含量较高，平均含量分别为 46.95%、46.50%，正蓝旗氨基酸含量最低，平均含量为 19.14%。②必需氨基酸：不同产地必需氨基酸含量在 8.86% ～ 20.09%，各产地必需氨基酸含量差异较大，变异系数为 29.03%。锡林浩特市、正镶白旗必需氨基酸含量较高，平均含量均为 20.09%、镶黄旗、正蓝旗必需氨基酸含量较低，平均含量分别为 9.94%、8.86%。③ EAA/TAA：各产地必需氨基酸占总氨基酸比例在 42.78% ～ 46.29%，各产地之间差异较大，其中，正蓝旗比例最高，锡林浩特市比例最低。④ EAA/NEAA：各产地间必需氨基酸占非必需氨基酸含量比例在 74.76% ～ 86.19%，各产地之间差异较大，其中，正蓝旗比例最高，锡林浩特市比例最低。

锡林郭勒酸酪蛋中含有丰富的不同种类非必需氨基酸，产地间差异较大，变异系数为 18.71% ～ 47.87%，其中脯氨酸、酪氨酸在各产地间差异较大，变异系数分别为 47.87% 和 38.51%。各产地酸酪蛋脯氨酸含量在 0.58% ～ 3.83%，锡林浩特市酸酪蛋脯氨酸含量最高，正蓝旗酸酪蛋脯氨酸含量最低。此外，酸酪蛋亮氨酸、赖氨酸、缬氨酸、异亮氨酸、苯丙氨酸、苏氨酸和组氨酸含量丰富，各产地含量分别在 2.25% ～ 4.49%、1.73% ～ 3.55%、1.14% ～ 3.02%、1.05% ～ 2.30%、0.75% ～ 2.29%、0.96% ～ 1.87% 和 0.53% ～ 1.47%。不同产地酸酪蛋必需氨基酸种类和含量中，锡林浩特市和正镶白旗最为丰富。除必需氨基酸以外，锡林郭勒酸酪蛋含有丰富的谷氨酸、天冬氨酸、丙氨酸、酪氨酸、丝氨酸等非必需氨基酸，含量范围分别在 3.52% ～ 10.05%、2.12% ～ 3.64%、1.08% ～ 1.73%、0.74% ～ 2.46%、0.88% ～ 2.43%，正蓝旗、正镶白旗、锡林浩特市酸酪蛋表现优异。

不同产地酸酪蛋必需氨基酸组分（占总氨基酸百分比）如表 3-19 所示。西乌珠穆沁旗、锡林浩特市苏氨酸，各产地蛋氨酸＋半胱氨酸含量较低于 FAO/WHO 推荐模式，为限制性氨基酸，组氨酸为婴儿必需氨基酸，已满足 FAO/WHO 推荐模式的含量要求；其他必需氨基酸均远超过 FAO/WHO 推荐模式的含量，表明各产地酸酪蛋具备较优的必需氨基酸组合比例。通过计算必需氨基酸的比值系数分（SRC），得出各产地的 FAO/WHO 推荐模式 SRC评分如表 3-20 所示，正蓝旗最高（84.92），西乌珠穆沁旗较低（76.00）。

表 3-18　不同产地酸酪蛋氨基酸含量　　　　　　　　　单位：%

检测项目	正蓝旗	镶黄旗	正镶白旗	西乌珠穆沁旗	阿巴嘎旗	苏尼特左旗	锡林浩特市	变异系数
氨基酸总量	19.14	21.94	46.50	37.83	36.08	39.07	46.95	31.02
必需氨基酸	8.86	9.94	20.09	16.22	15.52	16.92	20.09	29.03
苏氨酸	0.96	1.01	1.84	1.48	1.46	1.61	1.87	24.81
缬氨酸	1.14	1.38	3.00	2.43	2.30	2.46	3.02	32.62
蛋氨酸	0.45	0.55	1.20	1.00	0.92	0.97	1.18	32.56
异亮氨酸	1.05	1.15	2.26	1.86	1.79	1.98	2.30	28.05
亮氨酸	2.25	2.36	4.49	3.55	3.54	3.88	4.47	25.86
苯丙氨酸	0.75	0.97	2.28	1.85	1.73	1.83	2.29	35.82
赖氨酸	1.73	1.86	3.55	2.87	2.64	2.95	3.49	26.27
组氨酸	0.53	0.66	1.47	1.18	1.14	1.24	1.46	33.57
非必需氨基酸	10.28	12.00	26.41	21.61	20.56	22.15	26.87	32.58
半胱氨酸	0.34	0.26	0.34	0.19	0.26	0.31	0.32	19.02
酪氨酸	0.74	0.93	2.46	2.00	1.78	1.87	2.40	38.51
丝氨酸	0.88	1.12	2.37	1.97	1.86	2.00	2.43	32.84
谷氨酸	3.52	4.23	10.00	8.19	7.71	8.09	10.05	34.93
脯氨酸	0.58	1.16	3.54	3.12	2.77	2.74	3.83	47.87
甘氨酸	0.43	0.47	0.91	0.71	0.70	0.83	0.92	27.81
丙氨酸	1.12	1.08	1.66	1.30	1.43	1.65	1.73	18.71
天冬氨酸	2.14	2.12	3.58	2.86	2.92	3.42	3.64	21.63
精氨酸	0.53	0.63	1.55	1.27	1.13	1.24	1.55	36.09
EAA/TAA	46.29	45.31	43.20	42.88	43.02	43.31	42.78	
EAA/NEAA	86.19	82.83	76.07	75.06	75.49	76.39	74.76	

表 3-19　不同产地酸酪蛋氨基酸成分（占总氨基酸）　　　　单位：%

产地	苏氨酸	缬氨酸	蛋氨酸 + 半胱氨酸	异亮氨酸	亮氨酸	苯丙氨酸 + 酪氨酸	赖氨酸	组氨酸
正蓝旗	5.02	5.96	4.13	5.49	11.76	7.78	9.04	2.77
镶黄旗	4.60	6.29	3.69	5.24	10.76	8.66	8.48	3.01
正镶白旗	3.96	6.45	3.31	4.86	9.66	10.19	7.63	3.16
西乌珠穆沁旗	3.91	6.42	3.15	4.92	9.38	10.18	7.59	3.12

续表

产地	苏氨酸	缬氨酸	蛋氨酸+半胱氨酸	异亮氨酸	亮氨酸	苯丙氨酸+酪氨酸	赖氨酸	组氨酸
阿巴嘎旗	4.05	6.37	3.27	4.96	9.81	9.73	7.32	3.16
苏尼特左旗	4.12	6.30	3.28	5.07	9.93	9.47	7.55	3.17
锡林浩特市	3.98	6.43	3.19	4.90	9.52	9.99	7.43	3.11
FAO/WHO 推荐模式	4.00	5.00	3.50	4.00	7.00	6.00	5.50	1.70

表 3-20　不同产地酸酪蛋必需氨基酸成分 FAO/WHO 模式评分

氨基酸来源		苏氨酸	缬氨酸	蛋氨酸+半胱氨酸	异亮氨酸	亮氨酸	苯丙氨酸+酪氨酸	赖氨酸	组氨酸	SRC
FAO/WHO 模式	mg/g	40	50	35	40	70	60	55	17	
正蓝旗	RAA	1.25	1.19	1.18	1.37	1.68	1.30	1.64	1.25	84.92
	RC	0.89	0.85	0.84	0.98	1.19	0.92	1.17	0.89	
镶黄旗	RAA	1.15	1.26	1.05	1.31	1.54	1.44	1.54	1.15	83.06
	RC	0.83	0.91	0.76	0.95	1.11	1.04	1.11	0.83	
正镶白旗	RAA	0.99	1.29	0.95	1.22	1.38	1.70	1.39	0.99	76.53
	RC	0.74	0.96	0.70	0.90	1.02	1.26	1.03	0.74	
西乌珠穆沁旗	RAA	0.98	1.28	0.90	1.23	1.34	1.70	1.38	0.98	76.00
	RC	0.74	0.97	0.68	0.92	1.01	1.28	1.04	0.74	
阿巴嘎旗	RAA	1.01	1.27	0.93	1.24	1.40	1.62	1.33	1.01	77.37
	RC	0.76	0.96	0.70	0.93	1.05	1.22	1.00	0.76	
苏尼特左旗	RAA	1.03	1.26	0.94	1.27	1.42	1.58	1.37	1.03	77.94
	RC	0.77	0.94	0.70	0.94	1.06	1.18	1.02	0.77	
锡林浩特市	RAA	1.00	1.29	0.91	1.22	1.36	1.66	1.35	1.00	76.86
	RC	0.75	0.97	0.69	0.92	1.02	1.25	1.02	0.75	

3.3.3　脂肪酸

本研究总共检测了锡林郭勒酸酪蛋 37 种脂肪酸成分，检测出占总脂肪酸成分高于 0.01% 的共 19 种，占总脂肪酸比例如表 3-21 所示。总脂肪酸、饱和脂肪酸、多不饱和脂肪酸和单不饱和脂肪酸含量如表 3-22 所示。

由表 3-21 可知，各产地间总脂肪酸、饱和脂肪酸、不饱和脂肪酸、多不饱和脂肪酸和单不饱和脂肪酸差异较大，变异系数在 29.94% ～ 33.78%，其中，①总脂肪酸含量：各产地酸酪蛋总脂肪酸含量范围在 14.84% ～ 42.01%，正蓝旗含量最高，西乌珠穆沁旗含量最低。②饱和脂肪酸：各产地酸酪蛋饱和脂肪酸含量范围在 9.67% ～ 28.54%，正蓝旗含量最高，西乌珠穆沁旗含量最低，其中，主要为肉豆蔻酸（C14：0）、棕榈酸（C16：0）、硬脂酸（C18：0）等。③不饱和脂肪酸：各产地酸酪蛋不饱和脂肪酸含量范围在 5.17% ～ 13.47%，正蓝旗含量最高，西乌珠穆沁旗含量最低。④多不饱和脂肪酸：各产地酸酪蛋多不饱和脂肪酸含量范围在 4.72% ～ 12.13%，正蓝旗含量最高，西乌珠穆沁旗含量最低，其中，主要为油酸（C18：1n9c）、亚油酸（C18：2n6c）和反油酸（C18：1n9t）。⑤单不饱和脂肪酸：各产地酸酪蛋单不饱和脂肪酸含量范围在 0.45% ～ 1.34%，正蓝旗含量最高，西乌珠穆沁旗含量最低，主要为肉豆蔻酸（C14：1）、棕榈酸（C16：1）。

由表 3–22 可知，各产地检出的酸酪蛋中，主要脂肪酸为丁酸（C4：0）、己酸（C6：0）、辛酸（C8：0）、癸酸（C10：0）、月桂酸（C12：0）、肉豆蔻酸（C14：0）、十五碳酸（C15：0）、棕榈酸（C16：0）、十七碳酸（C17：0）、硬脂酸（C18：0）、花生酸（C20：0）、肉豆蔻烯酸（C14：1）、棕榈油酸（C16：1）、顺 –10– 十七碳一烯酸（C17：1）、反油酸（C18：1n9t）、油酸（C18：1n9c）、反亚油酸（C18：2n6t）、亚油酸（C18：2n6c）、顺 –11– 二十碳 – 一烯酸（C20：1n9）等 20 种脂肪酸。①丁酸（C4：0）：不同产地酸酪蛋中丁酸占总脂肪酸比例在 1.17% ～ 1.90%，产地间差异较大，变异系数为 14.22%，其中，西乌珠穆沁旗最高，镶黄旗最低。②己酸（C6：0）：不同产地酸酪蛋中己酸占总脂肪酸比例在 0.69% ～ 0.90%，产地间差异较小，变异系数为 8.69%，其中，正蓝旗最高，镶黄旗最低。③辛酸（C8：0）：不同产地酸酪蛋中辛酸占总脂肪酸比例在 0.48% ～ 0.66%，产地间差异较小，变异系数为 10.59%，其中，正蓝旗最高，正镶白旗最低。④癸酸（C10：0）：不同产地酸酪蛋中癸酸占总脂肪酸比例在 1.66% ～ 2.25%，产地间差异较小，变异系数为 9.94%，其中，正蓝旗最高，正镶白旗最低。⑤月桂酸（C12：0）：不同产地酸酪蛋中月桂酸占总脂肪酸比例在 2.16% ～ 3.84%，产地间差异较大，变异系数为 18.45%，其中，阿巴嘎旗最高，正镶白旗最低。⑥肉豆蔻酸（C14：0）：不同产地酸酪蛋中肉豆蔻占总脂肪酸比例在 10.19% ～ 12.93%，产地间差异较小，变异系数为 7.40%，其中，阿巴嘎旗最高，正镶白旗最低。⑦十五碳酸（C15：0）：不同产地酸酪蛋中十五碳酸占总脂肪酸比例在 0.95% ～ 1.41%，产地间差异较大，变异系数为 15.36%，其中，苏尼特左旗最高，阿巴嘎旗最低。⑧棕榈酸（C16：0）：不同产地酸酪蛋中棕榈酸占总脂肪酸比例在 27.46% ～ 34.67%，产地间差异较小，变异系数为 7.27%，其中，正蓝旗最高，正镶白旗最低。⑨十七碳酸（C17∶0）：不同产地酸酪蛋中十七碳酸占总脂肪酸比例在 0.69% ～ 1.06%，产地间差异较大，变异系数为 16.50%，其中，苏尼特左旗最高，正蓝旗、阿巴嘎旗最低。⑩硬脂酸（C18∶0）：不同产地酸酪蛋中硬脂酸占总脂肪酸比例在 10.96% ～ 14.10%，产地间差异较小，变异系数为 8.15%，其中，正镶白旗最高，正蓝旗最低。⑪花生酸（C20∶0）：不同产地酸酪蛋中花生酸占总脂肪酸比例在 0.18% ～ 0.40%，产地间差异较大，变异系数为 30.63%，其中，苏尼特左旗最高，西乌珠穆沁旗最低。⑫肉豆蔻烯酸（C14∶1）：不同产地酸酪蛋中肉豆蔻烯酸占总脂肪酸比例在 0.80% ～ 1.11%，产地间差异较大，变异系数为 10.63%，其中，阿巴嘎旗最高，西乌珠穆沁旗最低。⑬棕榈油酸（C16∶1）：不同产地酸酪蛋中棕榈油酸占总脂肪酸比例在 1.78% ～ 2.16%，产地间差异较小，变异系数为 6.21%，其中，阿巴嘎旗最高，正镶白旗最低。⑭顺 -10- 十七碳一烯酸（C17∶1）：不同产地酸酪蛋中顺 -10- 十七碳一烯酸占总脂肪酸比例在 0.20% ～ 0.33%，产地间差异较小，变异系数为 16.84%。⑮反油酸（C18∶1n9t）：不同产地酸酪蛋中反油酸占总脂肪酸比例在 2.64% ～ 4.16%，产地间差异较大，变异系数为 18.19%，其中，正镶白旗最高，阿巴嘎旗最低。⑯油酸（C18∶1n9c）：不同产地酸酪蛋中油酸占总脂肪酸比例在 22.58% ～ 28.27%，产地间差异较小，变异系数为 8.15%，其中，正镶白旗最高，正蓝旗最低。⑰反亚油酸（C18∶2n6t）：不同产地酸酪蛋中反亚油酸占总脂肪酸比例在 0.12% ～ 0.17%，产地间差异较大，变异系数为 13.74%。⑱亚油酸（C18∶2n6c）：不同产地酸酪蛋中亚油酸占总脂肪酸比例在 1.73% ～ 2.26%，产地间差异较大，变异系数为 13.80%，其中，正蓝旗最高，镶黄旗最低。⑲亚麻酸（18∶3n3）：不同产地酸酪蛋中亚麻酸占总脂肪酸比例在 0.78% ～ 1.23%，产地间差异较大，变异系数为 20.17%，其中，正镶白旗最高，西乌珠穆沁旗最低。⑳顺 -11- 二十碳一烯酸（C20∶1n9）：不同产地酸酪蛋中顺 -11- 二十碳一烯酸占总脂肪酸比例在 0.20% ～ 0.51%，产地间差异较大，变异系数为 42.29%，其中，苏尼特左旗最高，阿巴嘎旗和西乌珠穆沁旗最低。

表 3-21　不同产地酸酪蛋各类脂肪酸含量　　　　　　单位：%

检测项目	正蓝旗	正镶白旗	镶黄旗	苏尼特左旗	阿巴嘎旗	西乌珠穆沁旗	锡林浩特市	变异系数
总脂肪酸（TFA）	42.01	28.13	39.79	28.11	26.68	14.84	22.53	32.70
饱和脂肪酸（SFA）	28.54	17.01	26.59	18.90	17.85	9.67	14.51	34.70

续表

检测项目	正蓝旗	正镶白旗	镶黄旗	苏尼特左旗	阿巴嘎旗	西乌珠穆沁旗	锡林浩特市	变异系数
不饱和脂肪酸（UFA）	13.47	11.12	13.20	9.21	8.83	5.17	8.02	30.04
多不饱和脂肪酸（PUFA）	12.13	10.30	11.92	8.23	7.91	4.72	7.32	29.94
单不饱和脂肪酸（MUFA）	1.34	0.82	1.28	0.97	0.93	0.45	0.70	33.78

表 3-22　不同产地酸酪蛋脂肪酸含量（含量 > 0.01%）　　单位：%

检测项目	正蓝旗	正镶白旗	镶黄旗	苏尼特左旗	阿巴嘎旗	西乌珠穆沁旗	锡林浩特市	变异系数
丁酸（C4：0）	1.48	1.67	1.17	1.59	1.71	1.90	1.65	14.22
己酸（C6：0）	0.90	0.72	0.69	0.74	0.80	0.78	0.79	8.69
辛酸（C8：0）	0.66	0.48	0.52	0.59	0.60	0.53	0.59	10.59
癸酸（C10：0）	2.25	1.66	2.08	1.97	2.17	1.95	2.18	9.94
月桂酸（C12：0）	3.03	2.16	2.67	2.60	3.84	2.63	2.84	18.45
肉豆蔻酸（C14：0）	12.14	10.19	12.09	12.04	12.93	11.16	11.78	7.40
十五碳酸（C15：0）	0.96	0.98	1.03	1.41	0.95	0.98	1.07	15.36
棕榈酸（C16：0）	34.67	27.46	32.66	32.76	31.51	31.97	30.04	7.27
十七碳酸（C17：0）	0.69	0.79	0.83	1.06	0.69	0.73	0.75	16.50
硬脂酸（C18：0）	10.96	14.10	12.83	12.09	11.48	12.35	12.53	8.15
花生酸（C20：0）	0.19	0.26	0.25	0.40	0.22	0.18	0.20	30.63
肉豆蔻烯酸（C14：1）	0.96	0.85	1.01	0.98	1.11	0.80	0.93	10.63
棕榈油酸（C16：1）	2.02	1.78	1.94	2.16	2.13	1.98	1.98	6.21
顺 -10- 十七碳一烯酸（C17：1）	0.22	0.28	0.28	0.33	0.23	0.26	0.20	16.84
反油酸（C18：1n9t）	2.87	4.16	3.99	2.84	2.64	3.09	3.55	18.19
油酸（C18：1n9c）	22.58	28.27	22.77	23.20	24.00	25.25	25.20	8.15
反亚油酸（C18：2n6t）	0.15	0.17	0.12	0.13	0.13	0.14	0.16	13.74
亚油酸（C18：2n6c）	2.26	2.41	1.73	1.76	1.87	2.37	2.06	13.80
亚麻酸（C18：3n3）	0.80	1.23	1.15	0.86	0.79	0.78	1.10	20.17

检测项目	正蓝旗	正镶白旗	镶黄旗	苏尼特左旗	阿巴嘎旗	西乌珠穆沁旗	锡林浩特市	变异系数
顺 -11- 二十碳一烯酸（C20∶1n9）	0.21	0.37	0.21	0.51	0.20	0.20	0.40	42.29
饱和脂肪酸（SFA）	67.93	60.46	66.83	67.24	66.91	65.16	64.41	3.91
不饱和脂肪酸（UFA）	32.07	39.54	33.18	32.75	33.10	34.86	35.59	7.43
多不饱和脂肪酸（PUFA）	28.87	36.62	29.96	29.29	29.63	31.82	32.47	8.72
单不饱和脂肪酸（MUFA）	3.20	2.91	3.22	3.47	3.47	3.04	3.12	6.44

3.3.4 维生素

本研究检测了不同产地酸酪蛋 4 种维生素含量，结果如表 3–23 所示。由结果可知，①维生素 A：各产地维生素 A 含量在 0.407 ～ 1.598 mg/kg，各产地间差异较大，变异系数为 38.71%，其中，阿巴嘎旗含量最高，镶黄旗含量最低。②维生素 E：各产地维生素 E 含量在 0.440 ～ 0.661 mg/kg，各产地间差异较大，变异系数为 15.35%，其中，正镶白旗含量最高，苏尼特左旗含量最低。③维生素 B_1：各产地维生素 B_1 含量在 0.788 ～ 1.481 mg/kg，各产地间差异较大，变异系数为 23.79%，其中正镶白旗含量最高，正蓝旗含量最低。④维生素 B_2：各产地维生素 B_2 含量在 2.396 ～ 11.266 mg/kg，各产地间差异较大，变异系数为 57.87%，其中，苏尼特左旗含量最高，正蓝旗含量最低。

表 3–23　不同产地酸酪蛋维生素含量　　　　单位：mg/kg

检测项目	维生素 A	维生素 E	维生素 B_1	维生素 B_2
正蓝旗	0.975	0.528	0.788	2.396
正镶白旗	1.038	0.661	1.481	9.822
镶黄旗	0.407	0.521	0.927	2.423
苏尼特左旗	0.704	0.440	0.913	11.266
阿巴嘎旗	1.598	0.508	1.439	5.287
西乌珠穆沁旗	1.220	0.655	1.260	4.001
锡林浩特市	1.396	0.490	1.182	7.600
变异系数 /%	38.71	15.35	23.79	57.87

3.3.5 矿物元素

本研究检测了不同产地酸酪蛋 10 种矿物元素含量，结果如表 3–24 所示。由结果可知，酸酪蛋含有丰富的矿物元素，其中，①钾元素：各产地钾含量在 1050.23 ～ 4674.78 mg/kg，产地差异较大，变异系数为 33.81%，正镶白旗含量最高，锡林浩特市含量最低。②钠元素：各产地钠含量在 362.33 ～ 1517.17 mg/kg，产地差异较大，变异系数为 35.09%，正镶白旗含量最高，锡林浩特市含量最低。③钙元素：各产地钙含量在 941.66 ～ 2897.29 mg/kg，产地差异较大，变异系数为 41.05%，正镶白旗含量最高，镶黄旗含量最低。④镁元素：各产地镁含量在 120.30 ～ 390.75 mg/kg，产地差异较大，变异系数为 29.63%，正镶白旗含量最高，锡林浩特市含量最低。⑤铁元素：各产地铁含量在 80.17 ～ 440.76 mg/kg，产地间差异较大，变异系数为 67.22%，镶黄旗含量最高，正蓝旗含量最低。⑥锌元素：各产地锌含量在 10.07 ～ 16.84 mg/kg，产地差异较大，变异系数为 19.73%，正镶白旗含量最高，正蓝旗含量最低。⑦钼元素：各产地钼含量在 29.75 ～ 84.20 mg/kg，产地差异较大，变异系数为 26.88%，正镶白旗含量最高，锡林浩特市含量最低。⑧铜元素：各产地铜含量在 10.96 ～ 14.53 mg/kg，产地差异较大，变异系数为 10.94%，正镶白旗含量最高，正蓝旗含量最低。⑨磷元素：各产地磷含量在 2.13 ～ 4.32 mg/kg，产地差异较大，变异系数为 29.49%，阿巴嘎旗含量最高，镶黄旗含量最低。⑩锰元素：各产地锰含量在 0.27 ～ 0.86 mg/kg，产地差异较大，变异系数为 46.77%，镶黄旗、苏尼特左旗最高，西乌珠穆沁旗含量最低。

根据矿物元素数据可知，酸酪蛋还有丰富的矿物元素，不同产地矿物元素存在较大差异，可能与其土壤、气候、饲料等因素有关。其中，正镶白旗的酸酪蛋富含钾、钠、钙、镁、锌、钼、铜、磷元素，镶黄旗富含铁元素、阿巴嘎旗富含磷元素。

表 3–24　不同产地酸酪蛋矿物元素含量　　　　　单位：mg/kg

检测项目	钾	钠	钙	镁	铁	锌	钼	铜	磷	锰
正蓝旗	3233.72	907.09	1868.10	276.39	80.17	10.07	60.46	10.96	2.35	0.33
正镶白旗	4674.78	1517.17	2897.29	390.75	142.98	16.84	84.20	14.53	4.26	0.55
镶黄旗	3321.94	947.59	941.66	280.77	440.76	12.31	64.53	12.14	2.13	0.86

续表

检测项目	钾	钠	钙	镁	铁	锌	钼	铜	磷	锰
苏尼特左旗	3740.23	1162.32	1666.24	316.60	271.77	15.18	69.73	13.78	3.79	0.85
阿巴嘎旗	3147.75	950.02	2678.43	270.45	154.59	16.49	61.54	14.19	4.32	0.48
西乌珠穆沁旗	3675.77	1031.05	1809.22	342.19	138.86	16.50	75.05	13.88	3.53	0.27
锡林浩特市	1050.23	362.33	978.56	120.30	94.20	11.46	29.75	11.55	2.31	0.33
变异系数 /%	33.81	35.09	41.05	29.63	67.22	19.73	26.88	10.94	29.49	46.77

3.3.6 聚类分析

以不同产地酸酪蛋的各项营养指标测定数据为聚类依据，以不同品种为聚类对象，聚类分析两个向量维度分别解释了 73.8% 和 20.0% 的结果，累计解释了 93.8% 的聚类结果。各品种有明显区分界线，说明各产地酸酪蛋具有明显差异，酸酪蛋品质与产地因素有密切关联。

3.3.7 小结

本研究从锡林郭勒盟 7 个主产区采集了共计 14 批次的酸酪蛋，对其常规营养、氨基酸、脂肪酸、维生素、矿物元素含量进行了检测分析。其中，各产地酸酪蛋优势指标如下：

（1）正蓝旗：脂肪（53.05%）。

（2）正镶白旗：蛋白质（44.46%）、总氨基酸（46.50%）、维生素 E（0.661 mg/kg）、钾元素（4674.78 mg/kg）、钠元素（1517.17 mg/kg）、钙元素（2897.29 mg/kg）、镁元素（390.75 mg/kg）。

（3）镶黄旗：铁元素（440.76 mg/kg）。

（4）苏尼特左旗：维生素 B_2（11.27 mg/kg）。

（5）阿巴嘎旗：乳糖（4.63%）、维生素 A（1.598mg/kg）。

（6）西乌珠穆沁旗：锌元素（16.50 mg/kg）。

（7）锡林浩特市：总氨基酸（46.95%）、脯氨酸（3.83%）、苏氨酸（1.87%）、缬氨酸（3.02%）。

3.4　不同产地奶豆腐品质与风味物质

2022 年 4—5 月期间，从锡林郭勒奶酪 9 个主产区分别采集奶豆腐样品，采集制作后储存晾干 1 ～ 2 d，真空包装运送至实验室进行品质测定。

3.4.1　常规营养

不同产地锡林郭勒奶豆腐常规营养检测结果如表 3–25 所示。由表 3–25 可知，不同产地奶豆腐营养成分含量各不相同，差异均极显著（$P < 0.001$），变异系数在 3.48% ～ 17.52%，其中，①乳糖：不同产地奶豆腐乳糖含量范围在 2.18% ～ 3.28%，变异系数为 17.52%，其中苏尼特左旗、东乌珠穆沁旗、锡林浩特市奶豆腐乳糖含量较高，乳糖含量范围在 3.23% ～ 3.28%，镶黄旗、苏尼特右旗、阿巴嘎旗奶豆腐乳糖含量较低，乳糖含量范围在 2.18% ～ 2.27%。②蛋白质：不同产地蛋白质含量范围在 25.95% ～ 34.55%，变异系数为 7.98%。其中，苏尼特左旗奶豆腐蛋白质含量最高，其次为锡林浩特市奶豆腐，蛋白质含量为 33.70%，阿巴嘎旗奶豆腐蛋白质含量最低。③脂肪：不同产地奶豆腐脂肪含量范围在 7.91% ～ 13.27%，变异系数为 16.80%。其中，阿巴嘎旗奶豆腐脂肪含量最高，其次为西乌珠穆沁旗奶豆腐，为 13.01%，正镶白旗奶豆腐脂肪含量最低。④水分：不同产地奶豆腐中水分含量范围在 52.11 % ～ 57.17%，各地奶豆腐均为刚制作完成 1 ～ 2 d，未经晒干，其水分含量差异较小，变异系数为 3.48%。⑤灰分：不同产地奶豆腐灰分含量范围在 1.40% ～ 2.08%，变异系数为 11.55%。其中，正蓝旗奶豆腐灰分含量最高，其次为镶黄旗和西乌珠穆沁旗，为 1.96% 和 1.95%。

表 3–25　不同产地奶豆腐常规营养成分　　　　　　　　单位：%

检测项目	乳糖	蛋白质	脂肪	水分	灰分
正蓝旗	2.33	31.68	11.44	52.83	2.08
正镶白旗	2.42	29.32	7.91	56.39	1.59
镶黄旗	2.18	29.56	11.39	52.11	1.96
苏尼特左旗	3.28	34.55	9.77	55.08	1.66

续表

检测项目	乳糖	蛋白质	脂肪	水分	灰分
苏尼特右旗	2.27	30.08	9.60	56.69	1.85
阿巴嘎旗	2.21	25.95	13.27	53.84	1.40
西乌珠穆沁旗	3.10	32.37	13.01	52.33	1.95
东乌珠穆沁旗	3.23	32.35	11.57	56.45	1.85
锡林浩特市	3.27	33.70	8.35	57.17	1.63
变异系数	17.52	7.98	16.80	3.48	11.55

3.4.2 氨基酸

不同产地锡林郭勒奶豆腐 17 种氨基酸含量，总氨基酸、必需氨基酸和非必需氨基酸含量如表 3-26 所示。其中，①总氨基酸含量：不同产地总氨基酸含量在 25.86% ~ 29.58%，各产地总氨基酸含量差异较小，变异系数为 4.95%。正蓝旗和东乌珠穆沁旗总氨基酸含量较高，平均含量分别为 29.58% 和 29.15%，苏尼特右旗氨基酸含量最低。②必需氨基酸：不同产地必需氨基酸含量在 10.88% ~ 12.35%，各产地必需氨基酸含量差异较小，变异系数为 4.86%。正蓝旗、东乌珠穆沁旗、正镶白旗必需氨基酸含量较高，平均含量分别为 12.35%、12.21%、12.01%。西乌珠穆沁旗和苏尼特右旗必需氨基酸含量较低，平均含量分别为 10.96% 和 10.88%。③ EAA/TAA：各产地必需氨基酸占总氨基酸比例在 41.47 % ~ 42.07%，各产地之间差异较小。④ EAA/NEAA：各产地间必需氨基酸占非必需氨基酸含量比例在 70.85% ~ 72.63%，各产地差异较小。

锡林郭勒奶豆腐还含有丰富的亮氨酸、异亮氨酸、缬氨酸等必需氨基酸，含量范围分别在 2.37 % ~ 2.68%、1.27% ~ 1.43%、1.62% ~ 1.84%。各产地间奶豆腐氨基酸含量差异较小，变异系数为 3.85% ~ 7.83%，其中苏氨酸和赖氨酸各产地间差异较大。各产地奶豆腐苏氨酸含量在 1.00% ~ 1.22%，其中，正蓝旗苏氨酸含量最高，其次为正镶白旗和东乌珠穆沁旗；各产地奶豆腐赖氨酸含量在 1.57% ~ 2.01%，其中，正蓝旗、正镶白旗和东乌珠穆沁旗赖氨酸含量较高，锡林浩特市赖氨酸含量最低。

除上述必需氨基酸以外，锡林郭勒奶豆腐含有丰富的谷氨酸、脯氨酸、天冬氨酸、酪氨酸、丝氨酸等非必需氨基酸，含量范围分别在 5.78% ～ 6.61%、2.41% ～ 2.88%、1.83 % ～ 2.06%、1.41 % ～ 1.61%、1.40 % ～ 1.63%，正蓝旗和正镶白旗奶豆腐表现优异。

必需氨基酸指人体不能合成或合成速度远不能适应机体需要，必需由食物蛋白质供给的氨基酸，否则就不能维持机体的氮平衡并影响健康。根据 FAO 和 WHO 提出的 EAA 标准模式，按照氨基酸比值系数法，分别计算氨基酸比值（RAA）、氨基酸比值系数（RC）和氨基酸比值系数分（SRC）。

不同产地奶豆腐必需氨基酸组分（占总氨基酸百分比）如表 3-27 所示。组氨酸为婴儿必需氨基酸，已满足 FAO/WHO 推荐模式的含量要求；其他必需氨基酸均远超过 FAO/WHO 推荐模式的含量，表明各产地奶豆腐具备较优的必需氨基酸组合比例。通过计算必需氨基酸的比值系数分，得出各产地的 FAO/WHO 推荐模式 SRC 评分如表 3-28 所示，正蓝旗和正镶白旗较高（75.38 和 75.23），锡林浩特市较低（71.50）。

表 3-26 不同产地奶豆腐氨基酸成分　　　　　　　　单位：%

检测项目	正蓝旗	正镶白旗	镶黄旗	苏尼特左旗	苏尼特右旗	阿巴嘎旗	西乌珠穆沁旗	东乌珠穆沁旗	锡林浩特市	变异系数
氨基酸总量	29.58	28.87	27.04	26.83	25.86	27.89	26.25	29.15	26.55	4.95
必需氨基酸	12.35	12.01	11.35	11.27	10.88	11.69	10.96	12.21	11.01	4.86
苏氨酸	1.22	1.17	1.09	1.07	1.04	1.12	1.05	1.15	1.00	6.36
缬氨酸	1.82	1.77	1.69	1.69	1.62	1.75	1.65	1.84	1.70	4.33
蛋氨酸	0.81	0.79	0.74	0.74	0.72	0.77	0.73	0.81	0.74	4.57
异亮氨酸	1.42	1.38	1.31	1.32	1.27	1.37	1.29	1.43	1.32	4.22
亮氨酸	2.68	2.62	2.48	2.48	2.37	2.53	2.39	2.65	2.46	4.41
苯丙氨酸	1.45	1.41	1.34	1.36	1.30	1.40	1.28	1.44	1.32	4.50
赖氨酸	2.01	1.95	1.80	1.74	1.71	1.84	1.72	1.95	1.57	7.83
组氨酸	0.94	0.92	0.90	0.87	0.85	0.91	0.85	0.94	0.90	3.85
非必需氨基酸	17.23	16.86	15.69	15.56	14.98	16.2	15.29	16.94	15.54	5.03
半胱氨酸	0.15	0.16	0.15	0.15	0.12	0.14	0.15	0.15	0.14	7.77

续表

检测项目	正蓝旗	正镶白旗	镶黄旗	苏尼特左旗	苏尼特右旗	阿巴嘎旗	西乌珠穆沁旗	东乌珠穆沁旗	锡林浩特市	变异系数
酪氨酸	1.61	1.57	1.44	1.46	1.43	1.54	1.41	1.60	1.47	5.13
丝氨酸	1.63	1.59	1.47	1.45	1.40	1.51	1.42	1.57	1.45	5.39
谷氨酸	6.61	6.44	6.05	5.94	5.78	6.18	5.83	6.48	5.96	4.90
脯氨酸	2.88	2.83	2.60	2.59	2.41	2.67	2.58	2.8	2.58	5.65
甘氨酸	0.53	0.52	0.49	0.49	0.46	0.50	0.47	0.52	0.48	4.85
丙氨酸	0.88	0.86	0.79	0.79	0.76	0.84	0.78	0.87	0.80	5.37
天冬氨酸	2.06	2.01	1.89	1.88	1.83	1.96	1.85	2.05	1.89	4.49
精氨酸	0.89	0.88	0.81	0.81	0.79	0.86	0.80	0.90	0.77	5.78
EAA/TAA	41.75	41.60	41.97	42.01	42.07	41.91	41.75	41.89	41.47	
EAA/NEAA	71.68	71.23	72.34	72.43	72.63	72.16	71.68	72.08	70.85	

表3-27　不同产地奶豆腐氨基酸成分（占总氨基酸）　　　　单位：%

产地	苏氨酸	缬氨酸	蛋氨酸+半胱氨酸	异亮氨酸	亮氨酸	苯丙氨酸+酪氨酸	赖氨酸	组氨酸
正蓝旗	6.28	9.36	4.94	7.31	13.79	15.75	10.34	4.84
正镶白旗	5.92	8.96	4.81	6.99	13.26	15.09	9.87	4.66
镶黄旗	5.52	8.56	4.51	6.63	12.55	14.07	9.11	4.56
苏尼特左旗	5.21	8.23	4.34	6.43	12.08	13.74	8.48	4.24
苏尼特右旗	5.19	8.09	4.19	6.34	11.83	13.63	8.54	4.24
阿巴嘎旗	5.67	8.86	4.61	6.94	12.81	14.88	9.31	4.61
西乌珠穆沁旗	5.01	7.87	4.20	6.15	11.40	12.83	8.20	4.05
东乌珠穆沁旗	5.61	8.97	4.68	6.97	12.92	14.83	9.51	4.58
锡林浩特市	5.10	8.66	4.48	6.73	12.53	14.22	8.00	4.59

表 3-28　不同产地奶豆腐必需氨基酸成分 FAO/WHO 模式评分

氨基酸来源		苏氨酸	缬氨酸	蛋氨酸 + 半胱氨酸	异亮氨酸	亮氨酸	苯丙氨酸 + 酪氨酸	赖氨酸	组氨酸	SRC
FAO/WHO 模式	mg/g	40	50	35	40	70	60	55	17	
正蓝旗	RAA	1.57	1.87	1.41	1.83	1.97	2.62	1.88	2.85	75.38
	RC	0.78	0.94	0.71	0.91	0.98	1.31	0.94	1.42	
正镶白旗	RAA	1.48	1.79	1.37	1.75	1.89	2.51	1.79	2.74	75.23
	RC	0.77	0.93	0.72	0.91	0.99	1.31	0.94	1.43	
镶黄旗	RAA	1.38	1.71	1.29	1.66	1.79	2.35	1.66	2.68	73.98
	RC	0.76	0.94	0.71	0.91	0.99	1.29	0.91	1.48	
苏尼特左旗	RAA	1.30	1.65	1.24	1.61	1.73	2.29	1.54	2.49	74.38
	RC	0.75	0.95	0.72	0.93	1.00	1.32	0.89	1.44	
苏尼特右旗	RAA	1.30	1.62	1.20	1.58	1.69	2.27	1.55	2.50	73.77
	RC	0.76	0.94	0.70	0.92	0.99	1.33	0.91	1.46	
阿巴嘎旗	RAA	1.42	1.77	1.32	1.73	1.83	2.48	1.69	2.71	74.02
	RC	0.76	0.95	0.70	0.93	0.98	1.33	0.91	1.45	
西乌珠穆沁旗	RAA	1.25	1.57	1.20	1.54	1.63	2.14	1.49	2.39	75.09
	RC	0.76	0.95	0.73	0.93	0.99	1.30	0.90	1.44	
东乌珠穆沁旗	RAA	1.40	1.79	1.34	1.74	1.85	2.47	1.73	2.70	74.63
	RC	0.75	0.96	0.71	0.93	0.98	1.32	0.92	1.44	
锡林浩特市	RAA	1.27	1.73	1.28	1.68	1.79	2.37	1.45	2.70	71.50
	RC	0.71	0.97	0.72	0.94	1.00	1.33	0.81	1.51	

3.4.3　脂肪酸

本次样品总共检测了锡林郭勒奶豆腐 37 种脂肪酸成分，检出占总脂肪酸成分高于 0.01% 的脂肪酸共 19 种，占总脂肪酸比例如表 3-29 所示。总脂肪酸、饱和脂肪酸、多不饱和脂肪酸和单不饱和脂肪酸含量如表 3-29 所示。

由表 3-29 可知，各产地间总脂肪酸、饱和脂肪酸、不饱和脂肪酸、多不饱和脂肪酸和单不饱和脂肪酸差异较大，变异系数在8.54% ～ 16.74%，其中，①总脂肪酸含量：各产地奶豆腐总脂肪酸含量范围在7.96% ～ 11.52%，阿巴嘎旗含量最高，正镶白旗含量最低。②饱和脂肪酸：各产地奶豆腐饱和脂肪酸含量范围在4.66% ～ 7.76%，阿巴嘎旗含量最高，正镶白旗含量最低，其中，主要为肉豆蔻酸（C14：0）、棕榈酸（C16：0）、硬脂酸（C18：0）等。③不饱和脂肪酸：各产地奶豆腐不饱和脂肪酸含量范围在2.79% ～ 3.76%，阿巴嘎旗含量最高，正镶白旗含量最低。④多不饱和脂肪酸：各产地奶豆腐多不饱和脂肪酸含量范围在2.58% ～ 3.48%，阿巴嘎旗含量最高，正镶白旗含量最低，其中，主要为油酸（C18：1n9c）、亚油酸（C18：2n6c）和反油酸（C18：1n9t）。⑤单不饱和脂肪酸：各产地奶豆腐单不饱和脂肪酸含量范围在0.19% ～ 0.29%，正蓝旗含量最高，西乌珠穆沁旗最低，其中，主要为肉豆蔻酸（C14：1）、棕榈酸（C16：1）。

由表3-30可知，各产地检出的奶豆腐中，主要脂肪酸为丁酸（C4：0）、己酸（C6：0）、辛酸（C8：0）、癸酸（C10：0）、月桂酸（C12：0）、肉豆蔻酸（C14：0）、十五碳酸（C15：0）、棕榈酸（C16：0）、十七碳酸（C17：0）、硬脂酸（C18：0）、花生酸（C20：0）、肉豆蔻烯酸（C14：1）、棕榈油酸（C16：1）、顺-10-十七碳一烯酸（C17：1）、反油酸（C18：1n9t）、油酸（C18：1n9c）、反亚油酸（C18：2n6t）、亚油酸（C18：2n6c）、亚麻酸（C18：3n3）。①丁酸（C4：0）：不同产地奶豆腐中丁酸占总脂肪酸比例在1.79% ～ 2.70%，产地间差异较大，变异系数为11.72%，其中，西乌珠穆沁旗最高，正镶白旗最低。②己酸（C6：0）：不同产地奶豆腐中己酸占总脂肪酸比例在0.64% ～ 0.83%，产地间差异较小，变异系数为10.26%，其中，正蓝旗最高，正镶白旗最低。③辛酸（C8：0）：不同产地奶豆腐中辛酸占总脂肪酸比例在0.31% ～ 0.52%，产地间差异较大，变异系数为16.84%，其中，正蓝旗最高，西乌珠穆沁旗最低。④癸酸（C10：0）：不同产地奶豆腐癸酸占总脂肪酸比例在1.18% ～ 2.03%，产地间差异较大，变异系数为18.08%，其中，正蓝旗最高，正镶白旗最低。⑤月桂酸（C12：0）：不同产地奶豆腐中月桂酸占总脂肪酸比例在1.61% ～ 2.86%，产地间差异较大，变异系数为20.64%，其中，正蓝旗最高，苏尼特左旗最低。⑥肉豆蔻酸（C14：0）：不同产地奶豆腐中肉豆蔻酸占总脂肪酸比例在10.02% ～ 12.58%，产地间差异较小，变异系数为8.02%，其中，阿巴嘎旗最高，正镶白旗最低。⑦十五碳酸（C15：0）：不同产地奶豆腐中十五碳酸占总脂肪酸比例在0.65% ～ 1.05%，产地间差异较大，变异系数为16.30%，其中，正蓝旗最高，正镶白旗和苏尼特左旗最低。⑧棕榈酸（C16：0）：不同产地奶豆腐中棕榈酸占总脂肪酸比例在 28.61% ～ 33.47%，产地间差异较小，变异系数为 5.56%，其中，正蓝旗最高，正镶白旗最低。⑨十七碳酸（C17：0）：不同产地奶豆腐中十七碳酸占总脂肪酸比例在 0.70% ～ 0.87%，产地间差异较小，变异系数为 6.66%，其中，锡林浩特市最高，东乌珠穆沁旗最低。⑩硬脂酸（C18：0）：不同产地奶豆腐中硬脂酸占总脂肪酸比例在 12.38% ～ 15.12%，产地间差异较小，变异系数为 7.77%，其中，苏尼特左旗最高，正蓝旗最低。⑪花生酸（C20：0）：不同产地奶豆腐中花生酸占总脂肪酸比例在 0.20% ～ 0.28%，产地间差异较小，变异系数为 11.18%，其中，锡林浩特市最高，正蓝旗最低。⑫肉豆蔻烯酸（C14：1）：不同产地奶豆腐中肉豆蔻烯酸占总脂肪酸比例在 0.52% ～ 0.83%，产地间差异较大，变异系数为 18.54%，其中，正蓝旗最高，西乌珠穆沁旗最低。⑬棕榈油酸（C16：1）：不同产地奶豆腐中棕榈油酸占总脂肪酸比例在 1.18% ～ 1.83%，产地间差异较大，变异系数为 13.60%，其中，锡林浩特市最高，西乌珠穆沁旗最低。⑭顺 -10- 十七碳一烯酸（C17：1）：不同产地奶豆腐中顺 -10- 十七碳一烯酸占总脂肪酸比例在 0.13% ～ 0.25%，产地间差异较大，变异系数为 15.99%，其中，锡林浩特市最高，东乌珠穆沁旗最低。⑮反油酸（C18：1n9t）：不同产地奶豆腐中辛酸占总脂肪酸比例在 2.28% ～ 3.18%，产地间差异较大，变异系数为 11.96%，其中，苏尼特左旗最高，阿巴嘎旗最低。⑯油酸（C18：1n9c）：不同产地奶豆腐中辛酸占总脂肪酸比例在 24.22% ～ 29.00%，产地间差异较小，变异系数为 6.29%，其中，锡林浩特市最高，正蓝旗最低。⑰反亚油酸（C18：2n6t）：不同产地奶豆腐中反亚油酸占总脂肪酸比例在 0.07% ～ 0.09%，产地间差异不大。⑱亚油酸（C18：2n6c）：不同产地奶豆腐中亚油酸占总脂肪酸比例在 1.86% ～ 2.35%，产地间差异较大，变异系数为 9.34%，其中，镶黄旗最高，锡林浩特市最低。⑲亚麻酸（C18：3n3）：不同产地奶豆腐中亚麻酸占总脂肪酸比例在 0.16% ～ 0.29%，产地间差异较大，变异系数为 23.97%，其中，苏尼特左旗最高，正蓝旗和苏尼特右旗最低。

表 3-29 不同产地奶豆腐各类脂肪酸含量

单位：%

检测项目	正蓝旗	正镶白旗	镶黄旗	苏尼特左旗	苏尼特右旗	阿巴嘎旗	西乌珠穆沁旗	东乌珠穆沁旗	锡林浩特市	变异系数
丁酸（C4:0）	0.233	0.144	0.174	0.189	0.217	0.247	0.265	0.209	0.220	3.74
己酸（C6:0）	0.087	0.051	0.065	0.063	0.070	0.082	0.063	0.076	0.065	1.09
辛酸（C8:0）	0.054	0.030	0.039	0.033	0.039	0.043	0.030	0.046	0.038	0.79
癸酸（C10:0）	0.213	0.094	0.148	0.127	0.146	0.178	0.131	0.151	0.142	3.34
月桂酸（C12:0）	0.300	0.146	0.188	0.143	0.199	0.305	0.215	0.266	0.200	6.02
肉豆蔻酸（C14:0）	1.273	0.797	1.117	0.924	1.117	1.449	1.048	1.205	1.066	19.00
十五碳酸（C15:0）	0.110	0.052	0.085	0.058	0.095	0.102	0.080	0.090	0.100	1.96
棕榈酸（C16:0）	3.505	2.277	3.122	2.650	3.281	3.799	3.142	3.142	2.915	44.76
十七碳酸（C17:0）	0.079	0.057	0.073	0.072	0.086	0.089	0.076	0.070	0.087	1.01
硬脂酸（C18:0）	1.296	0.999	1.355	1.346	1.481	1.434	1.349	1.410	1.485	14.68
花生酸（C20:0）	0.021	0.017	0.021	0.021	0.025	0.027	0.020	0.022	0.028	0.36
肉豆蔻烯酸（C14:1）	0.087	0.042	0.056	0.048	0.058	0.073	0.051	0.060	0.059	1.35
棕榈油酸（C16:1）	0.177	0.137	0.121	0.138	0.180	0.183	0.116	0.172	0.183	2.78
顺-10-十七碳一烯酸（C17:1）	0.021	0.016	0.018	0.019	0.018	0.024	0.021	0.013	0.025	0.37
反油酸（C18:1n9t）	0.246	0.206	0.288	0.283	0.322	0.263	0.285	0.290	0.280	3.28
油酸（C18:1n9c）	2.536	2.060	2.615	2.547	2.825	2.967	2.701	2.529	2.905	27.00
反亚油酸（C18:2n6t）	0.009	0.006	0.008	0.007	0.008	0.008	0.007	0.007	0.008	0.10
亚油酸（C18:2n6c）	0.209	0.184	0.229	0.205	0.206	0.216	0.204	0.194	0.186	1.42

续表

单位：%

检测项目	正蓝旗	正镶白旗	镶黄旗	苏尼特左旗	苏尼特右旗	阿巴嘎旗	西乌珠穆沁旗	东乌珠穆沁旗	锡林浩特市	变异系数
亚麻酸（C18:3ω-3）	0.017	0.015	0.017	0.026	0.017	0.029	0.017	0.020	0.026	0.50
总脂肪酸（TFA）	10.47	7.96	9.74	8.90	10.39	11.52	9.82	9.97	10.02	10.14
饱和脂肪酸（SFA）	7.17	4.66	6.39	5.63	6.76	7.76	6.42	6.69	6.35	13.76
不饱和脂肪酸（UFA）	3.30	2.79	3.35	3.27	3.63	3.76	3.40	3.29	3.67	8.54
多不饱和脂肪酸（PUFA）	3.02	2.58	3.16	3.07	3.38	3.48	3.21	3.04	3.41	8.66
单不饱和脂肪酸（MUFA）	0.29	0.20	0.20	0.21	0.26	0.28	0.19	0.25	0.27	16.74

表 3-30　不同产地奶豆腐脂肪酸占总脂肪酸比例（含量＞0.01%）

单位：%

检测项目	正蓝旗	正镶白旗	镶黄旗	苏尼特左旗	苏尼特右旗	阿巴嘎旗	西乌珠穆沁旗	东乌珠穆沁旗	锡林浩特市	变异系数
丁酸（C4:0）	2.22	1.81	1.79	2.12	2.09	2.14	2.70	2.10	2.20	11.72
己酸（C6:0）	0.83	0.64	0.67	0.71	0.67	0.71	0.64	0.76	0.65	10.26
辛酸（C8:0）	0.52	0.38	0.40	0.37	0.38	0.37	0.31	0.46	0.38	16.84
癸酸（C10:0）	2.03	1.18	1.52	1.43	1.41	1.55	1.33	1.51	1.42	18.08
月桂酸（C12:0）	2.86	1.83	1.93	1.61	1.92	2.65	2.19	2.67	2.00	20.64
肉豆蔻酸（C14:0）	12.16	10.02	11.47	10.38	10.75	12.58	10.67	12.08	10.64	8.02
十五碳酸（C15:0）	1.05	0.65	0.87	0.65	0.91	0.89	0.81	0.90	1.00	16.30

续表

检测项目	正蓝旗	正镶白旗	镶黄旗	苏尼特左旗	苏尼特右旗	阿巴嘎旗	西乌珠穆沁旗	东乌珠穆沁旗	锡林浩特市	变异系数
棕榈酸（C16:0）	33.47	28.61	32.06	29.78	31.58	32.98	32.00	31.51	29.10	5.56
十七碳酸（C17:0）	0.75	0.72	0.75	0.81	0.83	0.77	0.77	0.70	0.87	6.66
硬脂酸（C18:0）	12.38	12.55	13.91	15.12	14.25	12.45	13.74	14.14	14.82	7.77
花生酸（C20:0）	0.20	0.21	0.22	0.24	0.24	0.23	0.20	0.22	0.28	11.18
肉豆蔻烯酸（C14:1）	0.83	0.53	0.58	0.54	0.56	0.63	0.52	0.60	0.59	18.54
棕榈油酸（C16:1）	1.69	1.72	1.24	1.55	1.73	1.59	1.18	1.72	1.83	13.60
顺–10–十七碳一烯酸（C17:1）	0.20	0.20	0.18	0.21	0.17	0.21	0.21	0.13	0.25	15.99
反油酸（C18:1n9t）	2.35	2.59	2.96	3.18	3.10	2.28	2.90	2.91	2.80	11.96
油酸（C18:1n9c）	24.22	25.89	26.85	28.62	27.19	25.76	27.51	25.36	29.00	6.29
反亚油酸（C18:2n6t）	0.09	0.08	0.08	0.08	0.08	0.07	0.07	0.07	0.08	9.34
亚油酸（C18:2n6c）	2.00	2.31	2.35	2.30	1.98	1.88	2.08	1.95	1.86	8.84
亚麻酸（C18:3n3）	0.16	0.19	0.17	0.29	0.16	0.25	0.17	0.20	0.26	23.97
饱和脂肪酸（SFA）	68.48	58.61	65.58	63.21	65.02	67.32	65.37	67.05	63.35	4.58
不饱和脂肪酸（UFA）	31.53	35.10	34.41	36.78	34.98	32.68	34.65	32.94	36.66	5.57
多不饱和脂肪酸（PUFA）	28.81	32.42	32.41	34.47	32.51	30.25	32.73	30.49	34.00	6.31
单不饱和脂肪酸（MUFA）	2.72	2.45	2.00	2.30	2.46	2.43	1.91	2.46	2.67	11.54

3.4.4 维生素

本研究检测了不同产地奶豆腐 4 种维生素含量，检测结果如表 3–31 所示。由结果可知，①维生素 A：各产地维生素 A 含量在 0.190 ～ 0.673 mg/kg，各产地间差异较大，变异系数为 46.25%，其中，正镶白旗含量最高，阿巴嘎旗含量最低。②维生素 E：各产地维生素 E 含量在 0.528 ～ 0.804 mg/kg，各产地间差异较大，变异系数为 13.34%，其中，正蓝旗含量最高，镶黄旗含量最低。③维生素 B_1：各产地维生素 B_1 含量在 1.057 ～ 1.344 mg/kg，各产地间差异较小，变异系数为 7.85%，其中，苏尼特右旗含量最高，镶黄旗含量最低。④维生素 B_2：各产地维生素 B_2 含量在 4.954 ～ 7.496 mg/kg，各产地间差异较大，变异系数为 15.17%，其中，西乌珠穆沁旗含量最高，阿巴嘎旗含量最低。

表 3–31　不同产地奶豆腐维生素含量　　　　单位：mg/kg

检测项目	维生素 A	维生素 E	维生素 B_1	维生素 B_2
正蓝旗	0.570	0.804	1.133	5.211
正镶白旗	0.673	0.650	1.187	5.249
镶黄旗	0.541	0.528	1.057	5.242
苏尼特左旗	0.485	0.581	1.062	6.001
苏尼特右旗	0.345	0.617	1.344	6.056
阿巴嘎旗	0.190	0.580	1.271	4.954
西乌珠穆沁旗	0.310	0.625	1.196	7.496
东乌珠穆沁旗	0.197	0.702	1.160	7.049
锡林浩特市	0.211	0.562	1.223	5.450
变异系数 /%	46.25	13.34	7.85	15.17

3.4.5 矿物元素

本研究检测了不同产地奶豆腐 10 种矿物元素含量，结果如表 3–32 所示。由结果可知，奶豆腐含有丰富的矿物元素，其中，①钾元素：各产地钾含量在 970.89 ～ 1160.04 mg/kg，产地差异较小，变异系数为 5.85%，锡林浩特市含量最高，阿巴嘎旗含量最低。②钠元素：各产地钠含量在 941.56 ～

1190.76 mg/kg，产地差异较小，变异系数为 8.70%，镶黄旗含量最高，西乌珠穆沁旗含量最低。③钙元素：各产地钙含量在 1365.86～2072.57 mg/kg，产地差异较大，变异系数为 13.14%，锡林浩特市含量最高，西乌珠穆沁旗含量最低。④镁元素：各产地镁含量在 128.61～153.45 mg/kg，产地差异较小，变异系数为 5.99%，锡林浩特市含量最高，西乌珠穆沁旗含量最低。⑤铁元素：各产地铁含量在 24.54～198.68 mg/kg，产地间差异较大，变异系数为 61.27%，镶黄旗含量最高，东乌珠穆沁旗含量最低。⑥锌元素：各产地锌含量在 13.49～27.26 mg/kg，产地差异较大，变异系数为 24.53%，苏尼特左旗含量最高，西乌珠穆沁旗含量最低。⑦钼元素：各产地钼含量在 32.48～39.42 mg/kg，产地差异较小，变异系数为 6.58%，镶黄旗含量最高，西乌珠穆沁旗含量最低。⑧铜元素：各产地铜含量在 2.92～4.41 mg/kg，产地差异较大，变异系数为 13.94%，阿巴嘎旗含量最高，正蓝旗和正镶白旗含量最低。⑨磷元素：各产地磷含量在 2.63～3.23 mg/kg，产地差异较小，变异系数为 6.45%，锡林浩特市最高，东乌珠穆沁旗含量最低。⑩锰元素：各产地锰含量在 0.22～0.94 mg/kg，产地差异较大，正蓝旗含量最高，正镶白旗含量最低。

表 3-32　不同产地奶豆腐矿物元素含量　　　　　　单位：mg/kg

检测项目	钾	钠	钙	镁	铁	锌	钼	铜	磷	锰
正蓝旗	1125.90	1142.49	1463.74	133.40	133.75	15.79	36.33	2.97	2.96	0.94
正镶白旗	1091.51	1011.98	1697.13	134.83	113.70	16.81	35.20	2.92	2.98	0.22
镶黄旗	1097.97	1190.76	1826.91	148.93	198.68	21.16	39.42	3.05	2.84	0.58
苏尼特左旗	1061.04	1065.71	1858.65	146.68	175.48	27.26	37.98	3.42	3.15	0.49
苏尼特右旗	1027.03	998.36	1788.53	134.91	43.17	20.62	34.01	3.44	2.83	0.51
阿巴嘎旗	970.89	965.62	1744.32	135.77	44.92	14.87	34.28	4.41	2.85	0.61
西乌珠穆沁旗	1015.97	941.56	1365.86	128.61	62.29	13.49	32.48	3.04	2.76	0.43
东乌珠穆沁旗	1003.71	1012.57	1493.93	136.34	24.54	14.65	34.59	3.10	2.63	0.82
锡林浩特市	1160.04	1171.31	2072.57	153.45	105.55	22.24	38.66	3.31	3.23	0.63
变异系数 /%	5.85	8.70	13.14	5.99	61.27	24.53	6.58	13.94	6.45	36.31

3.4.6　聚类分析

以不同产地奶豆腐的各项营养指标测定数据为聚类依据，以不同品种为聚类对象，聚类结果如附图 3 所示。其中，两个向量维度分别解释了 53.48%和 24.93% 的结果，累计解释了 78.41% 的聚类结果。各品种有明显区分界线，说明各产地奶豆腐具有明显差异，奶豆腐品质与产地因素有密切关联。

3.4.7 挥发性风味物质分析与评价

采用固相微萃取技术联合气相质谱分析仪（SPME–GC–MS）对锡林郭勒盟 7 个地区奶豆腐中挥发性风味物质进行分析研究。固相微萃取技术是将样品装入密闭的顶空进样瓶中，通过加热，使挥发性组分进入到样品上方，把带有相应吸附材料的固相微萃取柱插入顶空进样瓶上方进行吸附萃取，经过吸附萃取后的萃取柱插入到气相质谱联用仪进样口，高温解析 5 min 后，进行分析测定。挥发性组分通过与 NIST 20 谱库及正构烷烃标准物质进行比对进行定性分析，运用解卷积（Deconvolution）分析软件计算各种组分相应的峰面积及相对保留指数（RI），且正反匹配度均大于 800（最大值为 1000）的鉴定结果才予以确认，通过峰面积归一化法计算各组分的相对含量。

通过测定发现正蓝旗、苏尼特左旗、阿巴嘎旗、西乌珠穆沁旗、东乌珠穆沁旗、锡林浩特市、苏尼特右旗 7 个地区的奶豆腐挥发性风味有较大差别。不同地区风味物质总离子流图（TIC）如图 3–1 所示。

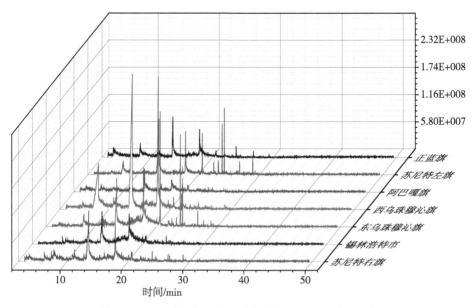

图 3–1　不同地区奶豆腐风味物质总离子流图（TIC）

7 个地区的奶豆腐共检测出 150 种主要挥发性风味物质，其中羧酸类化合物 14 种，醇类化合物 8 种，酮类化合物 32 种，醛类化合物 9 种，酯类化合物 43 种，烃类化合物 20 种，杂环类化合物 24 种。

3.4.7.1 正蓝旗奶豆腐挥发性风味物质分析

正蓝旗奶豆腐风味物质结果如表 3–33 所示，共 23 种，其中羧酸类化合物 5 种，醇类化合物 1 种，酮类化合物 4 种，醛类化合物 1 种，酯类化合物 4 种，烃类化合物 5 种，杂环类化合物 3 种，其中羧酸类化合物占比最高，其中以戊酸、辛酸、癸酸为主，相对含量总和达到 80.63%。

表 3–33 正蓝旗奶豆腐挥发性风味物质鉴定结果

序号	中文名称	分子式	RI 值	相对含量 /%
羧酸类化合物				
1	戊酸	$C_5H_{10}O_2$	961	30.28
2	辛酸	$C_8H_{16}O_2$	1185	34.08
3	左旋酒石酸	$C_4H_6O_6$	1375	0.36
4	癸酸	$C_{10}H_{20}O_2$	1375	15.26
5	2-[（戊 -4- 烯氧基）羰基] 苯甲酸	$C_{13}H_{14}O_4$	1965	0.65
醇类化合物				
6	2- 丙炔 -1- 醇	C_3H_4O	958	2.52
酮类化合物				
7	3,5- 二甲基 -4- 庚酮	$C_9H_{18}O$	1072	0.76
8	2,3,3- 三甲基环丁酮	$C_7H_{12}O$	1498	1.65
9	环戊酮	C_5H_8O	1638	0.43
10	2- 羟基 -7- 戊氧基 - 芴 -9- 酮	$C_{18}H_{18}O_3$	2287	0.05
醛类化合物				
11	1H-1,2,3- 三唑 -4- 甲醛	$C_3H_3N_3O$	1497	1.00
酯类化合物				
12	辛酸，（3Z）-3- 己烯 -1- 基酯	$C_{14}H_{26}O_2$	1375	1.34
13	邻苯二甲酸 4- 氟 -2- 硝基苯酯	$C_{15}H_{10}FNO_6$	1457	0.54
14	丙酸乙烯酯	$C_5H_8O_2$	1400	2.13
15	N-[3,4- 二甲苯基]-2- 氨基 -2- 氧代乙酸乙酯	$C_{12}H_{15}NO_3$	1833	0.06
烃类化合物				
16	2,2- 二甲基丁烷	C_6H_{14}	1332	0.58
17	2,2,3,3- 四甲基丁烷	C_8H_{18}	1386	2.69

续表

序号	中文名称	分子式	RI 值	相对含量 /%
18	2- 溴戊烷	$C_5H_{11}Br$	1599	0.42
19	2,4,4- 三甲基 -1- 己烯	C_9H_{18}	1712	0.74
20	2,3- 双（1- 甲基乙基）- 环氧乙烷	$C_8H_{16}O$	1975	0.15
杂环类化合物				
21	5- 甲基吡咯 -2- 腈（1H）	$C_6H_6N_2$	877	1.42
22	1H- 四唑 -1,5- 二胺	CH_4N_6	1072	1.76
23	4- 甲基 2H 吡喃	C_6H_8O	1368	0.46

3.4.7.2　苏尼特左旗奶豆腐挥发性风味物质分析

苏尼特左旗奶豆腐风味物质结果如表 3-34 所示，共 25 种，其中羧酸类化合物 4 种，醇类化合物 1 种，酮类化合物 3 种，酯类化合物 13 种，烃类化合物 2 种，杂环类化合物 2 种，未鉴定出醛类化合物，其中以羧酸类化合物与酯类化合物为主，相对含量分别为 65.77%、27.00%，羧酸类化合物中，以辛酸（46.96%）含量最高，酯类化合物中邻苯二甲酸二丁酯（14.99%）含量最高。

表 3-34　苏尼特左旗奶豆腐挥发性风味物质鉴定结果

序号	中文名称	分子式	RI 值	相对含量 /%
羧酸类化合物				
1	辛酸	$C_8H_{16}O_2$	1185	46.96
2	癸酸	$C_{10}H_{20}O_2$	1375	16.43
3	四氢 -3- 甲基 -5- 氧代 -2- 呋喃甲酸	$C_6H_8O_4$	1498	2.20
4	亚氨基二乙酸	$C_4H_7NO_4$	1595	0.18
醇类化合物				
5	1,5- 己二烯醇	$C_6H_{10}O$	687	1.68
酮类化合物				
6	4- 甲基 -4- 戊烯 -2- 酮	$C_6H_{10}O$	1181	2.36
7	反式 -2,3- 二甲基环丁酮	$C_6H_{10}O$	1817	0.16
8	3- 甲基 -1,5- 二硝基 -3- 氮杂双环 [3.3.1] 壬烷 -7- 酮	$C_9H_{13}N_3O_5$	2002	0.01
醛类化合物				
	—			
酯类化合物				
9	邻苯二甲酸 4- 氟 -2- 硝基苯甲酯	$C_{15}H_{10}FNO_6$	1458	1.12

续表

序号	中文名称	分子式	RI 值	相对含量 /%
10	3- 吡啶乙酸乙酯	$C_9H_{11}NO_2$	1473	0.24
11	4- 丁基苯甲酸 -4- 氰基苯酯	$C_{18}H_{17}NO_2$	1481	0.27
12	2- 酮己酸甲酯	$C_7H_{12}O_3$	1500	0.36
13	2,2,4- 三甲基 -1,3- 戊二醇二异丁酸酯	$C_{16}H_{30}O_4$	1599	6.40
14	醋酸叔丁酯	$C_6H_{12}O_2$	1638	0.42
15	1H,1H- 全氟辛基丙烯酸酯	$C_{11}H_5F_{15}O_2$	1712	0.30
16	N-（1- 氧代戊基）-1- 丙氨酸甲酯	$C_9H_{17}NO_3$	1801	0.29
17	丙酸环己烷甲酯	$C_{10}H_{18}O_2$	1817	0.45
18	乙酸甲酯	$-C_3H_6O_2$	1834	0.25
19	乙醇酸戊酯	$C_7H_{14}O_3$	1847	0.11
20	邻苯二甲酸庚 -4- 基异丁酯	$C_{19}H_{28}O_4$	1870	1.80
21	邻苯二甲酸二丁酯	$C_{16}H_{22}O_4$	1964	14.99
烃类化合物				
22	3- 甲基 -1- 丁炔	C_5H_8	1351	0.57
23	3,3- 二甲基辛烷	$C_{10}H_{22}$	1638	0.26
杂环类化合物				
24	2- 氨基咪唑	$C_3H_5N_3$	1351	1.61
25	2,5- 二氢呋喃	C_4H_6O	1712	0.26

注：—表示未检出，下同。

3.4.7.3 阿巴嘎旗奶豆腐挥发性风味物质分析

阿巴嘎旗奶豆腐风味物质结果如表 3-35 所示，共鉴定出 23 种，其中羧酸类化合物 2 种，醇类化合物 1 种，酮类化合物 4 种，酯类化合物 7 种，烃类化合物 6 种，杂环类化合物 3 种，未鉴定出醛类化合物，羧酸类化合物与酯类化合物相对含量最高，分别为 45.19%、26.81%。

表 3-35 阿巴嘎旗奶豆腐挥发性风味物质鉴定结果

序号	中文名称	分子式	RI 值	相对含量 /%
羧酸类化合物				
1	异戊酸	$C_5H_{10}O_2$	1180	30.20
2	2-（氨基氧基）丙酸	$C_3H_7NO_3$	1373	14.99

续表

序号	中文名称	分子式	RI 值	相对含量 /%
醇类化合物				
3	4- 甲基 -2- 己醇	$C_7H_{16}O$	1847	0.27
酮类化合物				
4	1- 苯基 -1，2- 丙二酮	$C_9H_8O_2$	914	7.32
5	4- 嘧啶酮	$C_4H_4N_2O$	1378	0.10
6	4- 己烯 -2- 酮	$C_6H_{10}O$	1498	2.01
7	5- 甲基 -1，3- 噁唑烷 -2- 酮	C4H7NO2	1639	1.29
醛类化合物				
	—			
酯类化合物				
8	草酸丁基环丁酯	$C_{10}H_{16}O_4$	1321	0.41
9	α– 天冬氨酸乙酯	$C_6H_{11}NO_4$	1396	1.44
10	邻苯二甲酸二甲酯	$C_{10}H_{10}O_4$	1457	12.19
11	丁位辛内酯	$C_8H_{14}O_2$	1498	5.12
12	1,1- 二甲基 -2- 丙烯基乙酸酯	$C_7H_{12}O_2$	1603	0.22
13	（E）-4- 甲基 -2- 戊烯酸乙酯	$C_8H_{14}O_2$	1640	0.39
14	邻苯二甲酸二丁酯	$C_{16}H_{22}O_4$	1965	4.55
烃类化合物				
15	1,1- 二甲基环丙烷	C_5H_{10}	1194	2.76
16	二（二氟氨基）氨基氟甲烷	$CH_2F_5N_3$	1372	0.37
17	溴代叔丁烷	C_4H_9Br	1373	3.63
18	1,1,1,2- 四溴乙烷	$C_2H_2Br_4$	1476	0.56
19	2,2,4- 三甲基戊烷	C_8H_{18}	1800	0.42
20	（R,R）-1- （（Z），（Z）- 己 -1',3' - 二烯基)-2- 乙烯基 – 环丙烷	$C_{11}H_{16}$	2575	0.16
杂环类化合物				
21	N- 甲基 ,2- 呋喃乙酰胺	$C_7H_9NO_2$	1409	0.13
22	5- 甲基异噁唑	C_4H_5NO	1613	0.25
23	1- 苄基 -3- （3- 溴苯基)-5- 胺吡唑	$C_{16}H_{14}BrN_3$	1673	0.16

3.4.7.4　西乌珠穆沁旗奶豆腐挥发性风味物质分析

西乌珠穆沁旗奶豆腐风味物质结果如表 3-36 所示，共鉴定出 33 种，其中羧酸类化合物 3 种，醇类化合物 2 种，酮类化合物 7 种，醛类化合物 2 种，酯类化合物 11 种，烃类化合物 2 种，杂环类化合物 6 种，羧酸类化合物与醛类化合物相对含量最高，分别为 65.72%、22.45%。

表 3-36　西乌珠穆沁旗奶豆腐挥发性风味物质鉴定结果

序号	中文名称	分子式	RI 值	相对含量 /%
羧酸类化合物				
1	甲基磺酸	CH_4O_2S	1190	0.15
2	辛酸	$C_8H_{16}O_2$	1185	44.10
3	癸酸	$C_{10}H_{20}O_2$	1375	21.47
醇类化合物				
4	（Z）-4,6- 庚二烯 -1- 醇	$C_7H_{12}O$	1098	0.04
5	3,7- 二甲基 -1,5,7- 辛三烯 -3- 醇	$C_{10}H_{16}O$	1576	0.11
酮类化合物				
6	4- 氨基 -1,2,4- 三唑烷 -3,5- 二酮	$C_2H_4N_4O_2$	919	0.20
7	2- 戊炔 -4- 酮	C_5H_6O	980	0.07
8	1,3- 二苯基丙酮	$C_{15}H_{14}O$	1162	0.42
9	2,3- 丁二酮	$C_4H_6O_2$	1184	0.22
10	2- 甲基 -3- 己酮	$C_7H_{14}O$	1497	0.90
11	环戊酮	C_5H_8O	1638	0.47
12	甲乙双酮	$C_7H_{11}NO_3$	1770	0.15
醛类化合物				
13	2- 乙基己醛乙二醇缩醛	$C_{10}H_{20}O_2$	971	22.42
14	糠醛	$C_5H_4O_2$	1685	0.03
酯类化合物				
15	氰酸 1- 甲基乙酯	C_4H_7NO	1084	0.42
16	甲基磺酸 2,2,2- 三氯乙酯	$C_3H_5Cl_3O_3S$	1162	0.07
17	己酸 3- 氯丙基 -2- 烯基酯	$C_9H_{15}ClO_2$	1260	0.06
18	异氰酸乙酯	C_3H_5NO	1332	0.15

序号	中文名称	分子式	RI 值	相对含量 /%
19	草酸丁基环丁酯	$C_{10}H_{16}O_4$	1386	1.80
20	邻苯二甲酸二甲酯	$C_{10}H_{10}O_4$	1456	1.96
21	N–（正丙基）–1–异亮氨酸甲酯	$C_{10}H_{21}NO_2$	1514	0.03
22	（Z）–丙酸 –3– 己烯酯	$C_9H_{16}O_2$	1613	0.04
23	甲基膦酸正庚酯	$C_8H_{18}FO_2P$	1925	0.11
24	对苯二甲酸二丁酯	$C_{16}H_{22}O_4$	1964	1.10
25	草酸单酰胺 N–（2– 苯乙基）– 乙酯	$C_{12}H_{15}NO_3$	2430	0.04
烃类化合物				
26	5– 甲基己烯	C_7H_{14}	991	0.55
27	2– 甲基 –1– 硝基丙烷	$C_4H_9NO_2$	1083	1.03
杂环类化合物				
28	2– 苯基吡咯并 [2,1–b] 苯并噻唑	$C_{16}H_{11}NS$	1312	0.07
29	5–（哌啶 –1– 甲基）–3– 吡啶基 –5,6– 二氢 –4H–1,2,4– 恶二嗪	$C_{14}H_{20}N_4O$	1370	0.18
30	氯美噻唑	C_6H_8ClNS	1480	0.05
31	2,5– 二氢呋喃	C_4H_6O	1497	1.41
32	5– 氨基四氮唑	CH_3N_5	1700	0.08
33	2,5,8– 三苯基苯并三唑	$C_{24}H_{15}N_9$	2286	0.04

3.4.7.5　东乌珠穆沁旗奶豆腐挥发性风味物质分析

东乌珠穆沁旗奶豆腐风味物质结果如表 3–37 所示，共鉴定出 26 种，其中羧酸类化合物 5 种，醇类化合物 2 种，酮类化合物 7 种，醛类化合物 1 种，酯类化合物 8 种，烃类化合物 3 种，未鉴定出杂环类化合物，羧酸类化合物相对含量最高，为 69.79%。

表 3–37　东乌珠穆沁旗奶豆腐挥发性风味物质鉴定结果

序号	中文名称	分子式	RI 值	相对含量 /%
羧酸类化合物				
1	己酸	$C_6H_{12}O_2$	969	16.19

续表

序号	中文名称	分子式	RI 值	相对含量 /%
2	辛酸	$C_8H_{16}O_2$	1185	33.08
3	癸酸	$C_{10}H_{20}O_2$	1375	18.90
4	2- 丁炔酸	$C_4H_4O_2$	1711	0.06
5	2- 乙酰肼基丙酸	$C_5H_8N_2O_3$	1286	1.56
醇类化合物				
6	1,2- 二苯基 -3- 吡咯烷基 - 丙 -1- 醇	$C_{19}H_{23}NO$	1314	1.51
7	1,5- 己二烯醇	$C_6H_{10}O$	1321	3.47
酮类化合物				
8	2- 氮杂双环 [2.2.1] 庚 -5- 烯 -3- 酮	C_6H_7NO	867	0.47
9	2,2- 二甲基 - 戊 -4- 炔 -3- 酮	$C_7H_{10}O$	1373	11.31
10	1-（1H- 吡唑基）2- 丙酮	$C_6H_8N_2O$	1512	0.07
11	3- 甲基 -3- 甲氧基 -2- 丁酮	$C_6H_{12}O_2$	1570	0.66
12	2,3,3- 三甲基环丁酮	$C_7H_{12}O$	1788	0.10
13	2- 羟基 -2- 环戊烯 -1- 酮	$C_5H_6O_2$	1801	0.16
14	吡啶并 [2,3-d] 嘧啶 -4（1H）- 酮	$C_7H_5N_3O$	1975	0.07
醛类化合物				
15	2- 苯基丙醛	$C_9H_{10}O$	1422	0.06
酯类化合物				
16	丙二酸（苯甲酰肼基）羟基二甲酯	$C_{12}H_{14}N_2O_6$	867	0.24
17	乙酸甲酯	$C_3H_6O_2$	1182	2.80
18	2- 甲基丙酸丙酯	$C_7H_{14}O_2$	1352	1.46
19	2- 羟基苯乙酸乙酯	$C_{10}H_{12}O_3$	1472	0.07
20	4- 戊烯 -1- 乙酸酯	$C_7H_{12}O_2$	1613	0.13
21	2,4- 二氟苯甲酸异丁酯	$C_{11}H_{12}F_2O_2$	1739	0.04
22	原膜散酯	$C_{16}H_{22}O_3$	1889	0.86
23	邻苯二甲酸二丁酯	$C_{16}H_{22}O_4$	1964	4.11
烃类化合物				
24	苯乙炔	C_8H_6	1374	0.55
25	1,1- 二氟 -1- 异氰酸根合乙烷	$C_3H_3F_2NO$	1457	0.13

序号	中文名称	分子式	RI 值	相对含量 /%
26	2,4,4- 三甲基 -1- 己烯	C_9H_{18}	1712	1.28
杂环类化合物				
	—			

3.4.7.6 锡林浩特市奶豆腐挥发性风味物质分析

锡林浩特市奶豆腐风味物质结果如表 3–38 所示，共鉴定出 18 种，其中羧酸类化合物 2 种，酮类化合物 2 种，醛类化合物 2 种，酯类化合物 4 种，烃类化合物 4 种，杂环类化合物 4 种，未鉴定出醇类化合物，羧酸类化合物相对含量最高，为 35.75%。

表 3–38　锡林浩特市奶豆腐挥发性风味物质鉴定结果

序号	中文名称	分子式	RI 值	相对含量 /%
羧酸类化合物				
1	4- 氨基 -1,2- 噻唑 -3- 羧酸	$C_4H_4N_2O_2S$	1173	0.13
2	癸酸	$C_{10}H_{20}O_2$	1375	35.62
醇类化合物				
	—			
酮类化合物				
3	环戊酮	C_5H_8O	1638	2.09
4	3,3,6- 三甲基 -1,5- 庚二烯 -4- 酮	$C_{10}H_{16}O$	1551	0.37
醛类化合物				
5	对乙酰氨基苯甲醛	$C_9H_9NO_2$	1514	1.37
6	5- 氯 -3- 甲基 -1- 苯基吡唑 -4- 甲醛	$C_{11}H_9ClN_2O$	2140	0.36
酯类化合物				
7	草酸丁基环丁酯	$C_{10}H_{16}O_4$	1097	4.26
8	乙硫辛酸 S-（2- 甲基丁基）酯	$C_7H_{14}OS$	1847	1.13
9	邻苯二甲酸 6- 乙基 -3- 辛基丁酯	$C_{22}H_{34}O_4$	1964	5.89
10	乙酸丁酯	$C_6H_{12}O_2$	1396	1.14
烃类化合物				
11	2,2,4- 三甲基戊烷	C_8H_{18}	921	16.39

续表

序号	中文名称	分子式	RI 值	相对含量 /%
12	1,1- 二氯 -1- 硝基丙烷	$C_3H_5Cl_2NO_2$	1319	0.36
13	2- 溴戊烷	$C_5H_{11}Br$	1700	1.29
14	3- 甲基己烷	C_7H_{16}	1788	0.44
杂环类化合物				
15	2-（氯甲基）四氢吡喃	$C_6H_{11}ClO$	1376	2.39
16	2-（二氯甲基）四氢呋喃	$C_5H_8Cl_2O$	1380	5.58
17	1,2,3- 三甲基二氮杂吡啶	$C_4H_{10}N_2$	1400	20.05
18	N- 亚硝基哌啶	$C_5H_{10}N_2O$	1712	1.16

3.4.7.7 苏尼特右旗奶豆腐挥发性风味物质分析

苏尼特右旗奶豆腐风味物质结果如表 3-39，共鉴定出 30 种，其中羧酸类化合物 3 种，醇类化合物 1 种，酮类化合物 8 种，醛类化合物 3 种，酯类化合物 7 种，烃类化合物 2 种，杂环类化合物 6 种，羧酸类化合物相对含量最高，为 57.89%（表 3-40）。

表 3-39　苏尼特右旗奶豆腐挥发性风味物质鉴定结果

序号	中文名称	分子式	RI 值	相对含量 /%
羧酸类化合物				
1	戊酸	$C_5H_{10}O_2$	961	17.45
2	辛酸	$C_8H_{16}O_2$	1185	28.53
3	癸酸	$C_{10}H_{20}O_2$	1375	11.91
醇类化合物				
4	2- 丁炔 -1- 醇	C_4H_6O	1422	0.37
酮类化合物				
5	3,3- 二乙基 -1- 甲基 -2,4- 氮杂环丁二酮	$C_8H_{13}NO_2$	1297	0.17
6	1,4- 戊二烯 -3- 酮	C_5H_6O	1364	0.25
7	3'- 甲基苯乙酮	$C_9H_{10}O$	1421	0.18
8	环戊酮	C_5H_8O	1638	0.45
9	1- 苯甲酰基 -2- 叔丁基 -3- 甲基 - 咪唑烷 -4- 酮	$C_{15}H_{20}N_2O_2$	1640	0.06

续表

序号	中文名称	分子式	RI 值	相对含量 /%
10	5- 乙酰二氢 -2（3H）- 呋喃酮	$C_6H_8O_3$	1682	0.75
11	3,3- 二乙基 -1- 甲基 -2,4- 氮杂环丁二酮	$C_8H_{13}NO_2$	1782	0.04
12	环戊酮乙烯缩酮	$C_7H_{12}O_2$	1925	0.17
醛类化合物				
13	苯甲醛	C_7H_6O	894	7.09
14	2- 甲基己醛	$C_7H_{14}O$	1076	4.26
15	邻硝基苯甲醛	$C_7H_5NO_3$	1964	4.59
酯类化合物				
16	草酸二丁酯	$C_{10}H_{18}O_4$	939	4.81
17	丙酸环己烷甲酯	$C_{10}H_{18}O_2$	1088	3.63
18	氟乙酸甲酯	$C_3H_5FO_2$	1199	0.13
19	草酸丁基环丁酯	$C_{10}H_{16}O_4$	1387	2.88
20	磷酸二乙基壬酯	$C_{13}H_{29}O_4P$	1475	0.18
21	巴豆酸顺 -3- 己烯酯	$C_{10}H_{16}O_2$	1686	0.10
22	丙酸环己烷甲酯	$C_{10}H_{18}O_2$	1817	0.52
烃类化合物				
23	2- 溴戊烷	$C_5H_{11}Br$	1292	2.71
24	3,3- 二乙基戊烷	C_9H_{20}	1700	0.37
杂环类化合物				
25	1- 甲基尿嘧啶	$C_5H_6N_2O_2$	902	0.17
26	5- 氨基 -2- 甲基 2H 四唑	$C_2H_5N_5$	939	2.72
27	2,2- 二甲基氮丙啶	C_4H_9N	963	1.37
28	5- 甲基 -2- 乙酰基呋喃	$C_7H_8O_2$	997	0.36
29	5- 氨基四氮唑	CH_3N_5	1338	0.66
30	2,2- 二甲基氮丙啶	C_4H_9N	1711	1.05

表 3-40　不同地区各类化合物占总峰面积百分比　　　　　单位：%

化合物	正蓝旗	苏尼特左旗	阿巴嘎旗	西乌珠穆沁旗	东乌珠穆沁旗	锡林浩特市	苏尼特右旗
羧酸类化合物	80.63	65.77	45.19	65.72	69.79	35.75	57.89
醇类化合物	2.52	1.68	0.27	0.15	4.98	—	0.37
酮类化合物	2.89	2.53	10.72	2.43	12.84	2.46	2.07
醛类化合物	1.00	—	—	22.72	0.06	1.73	15.94
酯类化合物	4.07	27.00	26.81	5.78	9.71	12.42	12.25
烃类化合物	4.58	0.83	7.90	1.58	1.96	18.48	3.08
杂环化合物	3.64	1.87	0.54	1.83	—	29.18	6.33

3.5　本章小结

　　本研究从锡林郭勒盟 9 个主产区采集了共计 36 批次的奶豆腐，对其常规营养、氨基酸、脂肪酸、维生素、矿物元素等含量进行了检测分析，为奶豆腐的生产、加工和消费提供了科学的参考依据，也为奶豆腐的品牌建设和市场开拓提供了有力的支撑。

　　不同产地奶豆腐乳糖、蛋白质和脂肪含量之间差异较大，其中，苏尼特左旗、东乌珠穆沁旗、锡林浩特市乳糖含量高，苏尼特左旗、锡林浩特市奶豆腐蛋白质含量高，阿巴嘎旗奶豆腐脂肪含量高，正镶白旗奶豆腐脂肪含量最低。不同产地的锡林郭勒奶豆腐含有不同的氨基酸，包括总氨基酸、必需氨基酸和非必需氨基酸。其中，正蓝旗和东乌珠穆沁旗的总氨基酸含量较高，苏尼特右旗的氨基酸含量最低。必需氨基酸占总氨基酸比例在各产地之间差别不大，其中苏氨酸、缬氨酸、蛋氨酸、异亮氨酸、亮氨酸、苯丙氨酸、赖氨酸、组氨酸是必需氨基酸，而锡林郭勒奶豆腐含有丰富的亮氨酸、异亮氨酸、缬氨酸等必需氨基酸。锡林郭勒奶豆腐的必需氨基酸组分远超过 FAO 和 WHO 所推荐的模式，表明各产地奶豆腐具备较优的必需氨基酸组合比例。同时，报告使用 SRC 评分计算了各产地奶豆腐的氨基酸比值系数，正蓝旗和正镶白旗得分最高，锡林浩特市得分较低。各产地的奶豆腐总脂肪酸、饱和脂肪酸、不饱和脂肪酸、多不饱和脂肪酸和单不饱和脂肪酸含量存在差异，其中不同脂肪酸的占比也不同，产地之间存在一定的变异。总体来说，阿巴嘎旗和正蓝旗的奶豆腐含有较高的脂肪酸含量，而正镶白旗、西乌珠穆沁旗和苏尼特左旗等产地含量较低。不同产地奶豆腐维生素 A、维生素 E、维生素 B_1 和维生素 B_2 的含量存在差异，各产地之间差异较大，其中维生素 A、维生素 B_2 含量差异最大。值得注意的是，正镶白旗、正蓝旗、苏尼特右旗及西乌珠穆沁旗的奶豆腐维生素含量相对较高，而阿巴嘎旗、东乌珠穆沁旗和镶黄旗的奶豆腐维生素含量较低。总体来说，本研究介绍了奶豆腐在不同产地的维生素水平，对于奶豆腐的营养价值有一定的参考意义。不同产地奶豆腐 10 种矿物元素的含量存在一定的差异。其中，钾、钠、镁、钼、磷元素的差异较小，而钙、铁、锌、铜、锰元素的差异较大。在具体的产地中，不同元素的含量排名也存在差异，比如钾元素在锡林浩特市含量最高，而阿巴嘎旗含量最低。这些结果有助于消费者了解奶豆腐的营养价值和矿物元素含量，并选择更适合自己的奶豆腐产品。综合分析各产地样品平均值，发现各产地营养品质存在显著差异，各产地奶豆腐优势指标如下：

（1）正蓝旗：总氨基酸（29.58%）、必需氨基酸（12.35%）、苏氨酸（1.22%）、缬氨酸（1.82%）、亮氨酸（2.68%）、苯丙氨酸（1.45%）、赖氨酸（2.01%）、组氨酸（0.94%）、非必需氨基酸（17.23%）、谷氨酸（6.60%）、脯氨酸（2.88%）、天冬氨酸（2.06%）、癸酸（2.03%FA）、月桂酸（2.86%FA）、棕榈酸（33.47%FA）、硬脂酸（12.38%FA）、油酸（24.22%FA）、维生素 E（0.804 mg/kg）。

（2）正镶白旗：亮氨酸（2.62%）、维生素 A（0.673 mg/kg）。

（3）镶黄旗：亚油酸（2.35%FA）、钼元素（39.42 mg/kg）、钠元素（1190.76 mg/kg）。

（4）苏尼特左旗：蛋白质（34.55%）、乳糖（3.28%）、锌元素（27.26 mg/kg）。

（5）苏尼特右旗：维生素 B_1（1.344%）。

（6）阿巴嘎旗：脂肪（13.27%）、总脂肪酸（11.52%）、饱和脂肪酸（7.76%）、不饱和脂肪酸（3.76%）、肉豆蔻酸（12.58%FA）。

（7）西乌珠穆沁旗：丁酸（2.70%FA）、维生素 B_2（7.496%）。

（8）东乌珠穆沁旗：缬氨酸（1.84%）、亮氨酸（2.65%）、苯丙氨酸（1.44%）、谷氨酸（6.48%）、天冬氨酸（2.05%）。

（9）锡林浩特市：钾元素（1160.04 mg/kg）、钙元素（2072.57 mg/kg）、镁元素（153.45 mg/kg）、磷元素（3.23%）。

7 个地区共检测出 150 种挥发性风味物质，本文共划分为 7 类，包括羧酸类、醇类、酮类、醛类、酯类、烃类及杂环类化合物。

（1）羧酸类化合物：各个地区奶豆腐挥发性风味物质中，羧酸类化合物的相对含量均为最高，且都以脂肪酸类化合物为主。脂肪酸类化合物对于奶制品的风味具有重要影响，不仅因为其本身具有的风味特性，而且还是其他风味物质（如酮、醇、酯等）的前体物质。

其中正蓝旗羧酸类相对含量最高，为80.63%，包括戊酸、辛酸、癸酸；苏尼特左旗的羧酸类化合物相对含量为65.77%，以辛酸、癸酸为主；阿巴嘎旗羧酸类化合物相对含量为45.19%，以异戊酸和2-（氨基氧基）丙酸为主；西乌珠穆沁旗羧酸类化合相对含量为65.72%，以辛酸、癸酸为主；东乌珠穆沁旗羧酸类化合物相对含量为69.79%，以己酸、辛酸、癸酸为主；锡林浩特市脂肪酸类化合物相对含量为35.75%，以癸酸为主；苏尼特右旗羧酸类化合物相对含量为57.89%，以戊酸、辛酸、癸酸为主。这些短链的脂肪酸类化合物挥发性较强，阈值较低，具有浓郁的奶香味，对于奶豆腐风味的影响至关重要。

（2）醇类、酮类及醛类化合物：对于醇类、酮类及醛类化合物由于其化学性质比较活泼，属于不稳定的中间体，在一定条件下可以相互转化，因此，此类化合物的相对含量较低。但由于醇类、酮类及醛类化合物阈值较低，所以对于奶豆腐的风味也有一定影响。

醇类化合物相对含量最高的为东乌珠穆沁旗（4.98%），以1,5-己二烯醇为主，其次为正蓝旗（2.52%），只鉴定出2-丙炔-1-醇一种化合物；含量最低的为锡林浩特市，未鉴定出醇类化合物。酮类化合物相对含量最高的为东乌珠穆沁旗（12.84%），以2,2-二甲基-戊-4-炔-3-酮为主；其次为阿巴嘎旗（10.72%），以1-苯基-1,2-丙二酮为主，醛类化合物相对含量最高的为西乌珠穆沁旗（22.72%），以2-乙基己醛乙二醇缩醛为主；再次为苏尼特右旗（15.94%），以苯甲醛为主；含量最低的为苏尼特左旗及阿巴嘎旗，均未鉴定出醛类化合物。

（3）酯类化合物：短链的酯类化合物具有较强的挥发性，且阈值较低，在奶豆腐中，能够中和由脂肪酸类化合物带来的刺激性酸味，使奶豆腐的风味散发更加柔和的香气。

各地区除羧酸类化合物外，大部分地区酯类化合物的占比最高。其中酯类化合物相对含量最高的为苏尼特左旗（27.00%）与阿巴嘎旗（26.81%），苏尼特左旗主要以邻苯二甲酸二丁酯与2,2,4-三甲基-1,3-戊二醇二异丁酸酯为主，阿巴嘎旗主要以邻苯二甲酸二甲酯与丁位辛内酯为主；含量最低的为正蓝旗（4.07%），以丙酸乙烯酯为主。

（4）烃类化合物：烃类化合物主要来源于脂肪酸烷氧自由基的均裂，这类化合物的阈值较高，对食物的风味贡献不大，但有助于提升奶豆腐的整体风味。其中锡林浩特市奶豆腐中检测出的烃类化合物相对含量最高（18.48%），以支链烷烃 2,2,4- 三甲基戊烷为主；含量最低的为苏尼特左旗（0.83%），包括 3- 甲基 -1- 丁炔与 3,3- 二甲基辛烷。

（5）杂环类化合物：杂环类化合物作为重要的香味呈味物，其主要来源于氨基酸与还原糖之间的美拉德（Maillard）反应。这类化合物使得奶豆腐的风味更加饱满，例如呋喃类化合物会呈现出水果的香味。

杂环类化合物中，锡林浩特市相对含量最高（29.18%），其中以 1,2,3- 三甲基二氮杂吡啶和 2-（二氯甲基）四氢呋喃为主，相对含量最低的为东乌珠穆沁旗，未鉴定出杂环类化合物。

第4章

锡林郭勒奶豆腐品质与产地环境 因子关联分析

　　锡林郭勒奶豆腐样本采集地，基本涵盖了锡林郭勒盟奶豆腐各个旗市主产区以及锡林郭勒不同草场类型。本研究在采集奶豆腐的同时，从不同旗县均采集了原料奶、饲草及其饮用水样本，测定了其主要功能成分和营养物质，分析了各主产区奶豆腐与原料奶、原料奶与产地环境因子之间的关系，以期为奶豆腐品质优势提供理论和数据支撑。

4.1　不同产地原料奶品质差异分析

　　为探明奶豆腐原料奶常规营养，奶豆腐产地环境饮用水营养品质进行检测并对数据进行了分析，并使用统计学方法，分析了不同产地原料奶与奶豆腐之间、原料奶与产地环境饮用水和土壤营养物质之间的关联性，结果如下。

4.1.1　常规营养

　　不同产地原料奶常规营养分析检测结果如表 4−1 所示。由表 4−1 可知，不同产地原料奶营养成分变异系数在 6.37% ～ 19.64%，其中，①干物质：不同产地原料奶干物质含量范围在 12.02% ～ 14.49%，其中，阿巴嘎旗原料奶干物质含量最高，正镶白旗干物质含量最低。②蛋白质：不同产地原料奶蛋白质含量范围在 2.63% ～ 4.45%，其中，正蓝旗原料奶蛋白质含量最高，其次为镶黄旗和正镶白旗原料奶，蛋白质含量分别为 4.04% 和 4.01%，西乌珠穆沁旗原料奶蛋白质含量最低。③脂肪：不同产地原料奶脂肪含量范围在 3.45% ～ 5.45%，其中，阿巴嘎旗原料奶脂肪含量最高，镶黄旗原料奶脂肪含量最低，为 3.45%。④乳糖：不同产地原料奶中乳糖含量范围在 2.36 % ～ 3.61%，其中，正蓝旗干物质含量最高，东乌珠穆沁旗乳糖含量最低。

表 4-1　不同产地原料奶常规营养成分含量　　　　　　单位：%

检测项目	干物质	蛋白质	脂肪	乳糖
正蓝旗	12.55	4.45	3.92	3.61
正镶白旗	12.02	4.01	3.47	3.35
镶黄旗	12.09	4.04	3.45	3.39
苏尼特左旗	12.41	3.46	3.90	2.46
苏尼特右旗	13.49	3.77	4.97	2.66
阿巴嘎旗	14.49	3.10	5.45	2.69
西乌珠穆沁旗	13.26	2.63	5.05	2.38
东乌珠穆沁旗	12.30	2.71	3.92	2.36
锡林浩特市	12.37	2.72	3.94	2.92
变异系数	6.37	19.64	17.29	16.51

4.1.2　氨基酸

不同产地锡林郭勒原料奶 17 种氨基酸含量，总氨基酸、必需氨基酸和非必需氨基酸含量如表 4-2 所示。由结果可知，原料奶含有丰富的氨基酸，其中，①总氨基酸：不同产地总氨基酸含量在 2.80% ～ 3.08%，各产地总氨基酸含量差异较小。正蓝旗、苏尼特右旗、阿巴嘎旗含量较高，平均含量分别为 3.08%、3.01%、3.06%。②必需氨基酸：不同产地必需氨基酸含量在 1.23% ～ 1.35%，各产地非必需氨基酸含量差异较小，正蓝旗、阿巴嘎旗必需氨基酸含量较高，平均含量分别 1.35%、1.34%。正镶白旗、镶黄旗较低，平均含量均为 1.23%。③ EAA/TAA：各产地必需氨基酸占总氨基酸比例在 43.77 % ～ 45.02%，各产地之间差异不大。④ EAA/NEAA：各产地间必需氨基酸占非必需氨基酸含量比例在 77.85% ～ 81.88%，各产地之间差异较小。

表 4-2　不同产地原料奶氨基酸含量　　　　　　　　　单位：%

检测项目	正蓝旗	正镶白旗	镶黄旗	苏尼特左旗	苏尼特右旗	阿巴嘎旗	西乌珠穆沁旗	东乌珠穆沁旗	锡林浩特市
氨基酸总量	3.08	2.81	2.81	2.91	3.01	3.06	2.83	2.92	2.80
必需氨基酸	1.35	1.23	1.23	1.31	1.32	1.34	1.26	1.28	1.24
苏氨酸	0.13	0.12	0.12	0.14	0.14	0.14	0.13	0.12	0.12
缬氨酸	0.19	0.17	0.17	0.18	0.18	0.18	0.18	0.18	0.19
蛋氨酸	0.08	0.07	0.07	0.07	0.07	0.07	0.07	0.07	0.07
异亮氨酸	0.15	0.13	0.14	0.15	0.15	0.15	0.14	0.15	0.14
亮氨酸	0.28	0.26	0.26	0.28	0.28	0.28	0.26	0.27	0.26
苯丙氨酸	0.15	0.14	0.14	0.14	0.15	0.15	0.14	0.14	0.13
赖氨酸	0.25	0.23	0.22	0.24	0.24	0.26	0.23	0.24	0.22
组氨酸	0.12	0.11	0.11	0.11	0.11	0.11	0.11	0.11	0.11
非必需氨基酸	1.73	1.58	1.58	1.60	1.69	1.72	1.57	1.64	1.56
半胱氨酸	0.02	0.02	0.02	0.02	0.02	0.01	0.01	0.01	0.01
酪氨酸	0.15	0.14	0.14	0.15	0.16	0.16	0.14	0.16	0.14
丝氨酸	0.17	0.15	0.15	0.17	0.16	0.17	0.15	0.15	0.15
谷氨酸	0.66	0.60	0.61	0.55	0.63	0.65	0.60	0.63	0.59
脯氨酸	0.26	0.25	0.24	0.27	0.27	0.27	0.26	0.26	0.26
甘氨酸	0.06	0.05	0.05	0.05	0.06	0.06	0.05	0.05	0.05
丙氨酸	0.10	0.09	0.09	0.08	0.08	0.08	0.08	0.09	0.08
天冬氨酸	0.23	0.21	0.21	0.23	0.23	0.24	0.21	0.22	0.21
精氨酸	0.08	0.07	0.07	0.08	0.08	0.08	0.07	0.07	0.07
EAA/TAA	43.83	43.77	43.77	45.02	43.85	43.79	44.52	43.84	44.29
EAA/NEAA	78.03	77.85	77.85	81.88	78.11	77.91	80.25	78.05	79.49

4.1.3　脂肪酸

本研究总共检测了锡林郭勒原料奶37种脂肪酸成分，检测出占总脂肪酸成分高于0.01%的共16种，占总脂肪酸比例如表4-3所示。总脂肪酸、饱和脂肪酸、多不饱和脂肪酸和单不饱和脂肪酸含量如表4-3所示。

各产地间总脂肪酸、饱和脂肪酸、不饱和脂肪酸、多不饱和脂肪酸和单不饱和脂肪酸差异较大，其中，①总脂肪酸：各产地原料奶总脂肪酸含量范围在 2.21% ～ 4.10%，阿巴嘎旗含量最高，东乌珠穆沁旗含量最低。②饱和脂肪酸：各产地原料奶饱和脂肪酸含量范围在 1.29% ～ 2.87%，阿巴嘎旗含量最高，东乌珠穆沁旗含量最低，其中，主要为肉豆蔻酸（C14：0）、棕榈酸（C16：0）、硬脂酸（C18：0）等。③不饱和脂肪酸：各产地原料奶不饱和脂肪酸含量范围在 4.53% ～ 9.62%，阿巴嘎旗含量最高，苏尼特左旗含量最低。④多不饱和脂肪酸：各产地原料奶多不饱和脂肪酸含量范围在 0.83% ～ 1.13%，西乌珠穆沁旗和阿巴嘎旗含量最高，苏尼特左旗含量最低，其中，主要为油酸（C18：1n9c）、亚油酸（C18：2n6c）和反油酸（C18：1n9t）。⑤单不饱和脂肪酸：各产地原料奶单不饱和脂肪酸含量范围在 0.003% ～ 0.006%，苏尼特右旗和阿巴嘎旗含量最高，东乌珠穆沁旗和西乌珠穆沁旗含量最低，主要为肉豆蔻酸（C14：1）、棕榈酸（C16：1）。

由表 4-3 可知，各产地检出的原料奶中，主要脂肪酸为丁酸（C4：0）、己酸（C6：0）、辛酸（C8：0）、癸酸（C10：0）、月桂酸（C12：0）、肉豆蔻酸（C14：0）、十五碳酸（C15：0）、棕榈酸（C16：0）、十七碳酸（C17：0）、硬脂酸（C18：0）、二十一碳酸（C21：0）、肉豆蔻烯酸（C14：1）、棕榈油酸（C16：1）、反油酸（C18：1n9t）、油酸（C18：1n9c）、亚油酸（C18：2n6c）。①丁酸（C4：0）：不同产地原料奶中丁酸含量在 0.03% ～ 0.05%。②己酸（C6：0）：不同产地原料奶中己酸含量在 0.02% ～ 0.04%。③辛酸（C8：0）：不同产地原料奶中辛酸含量在 0.01% ～ 0.03%。④癸酸（C10：0）：不同产地原料奶中癸酸含量在 0.03% ～ 0.13%。⑤月桂酸（C12：0）：不同产地原料奶中月桂酸含量在 0.04% ～ 0.20%。⑥肉豆蔻酸（C14：0）：不同产地原料奶中肉豆蔻含量在 0.22% ～ 0.59%。⑦十五碳酸（C15：0）：不同产地原料奶中十五碳酸含量在 0.03% ～ 0.04%。⑧棕榈酸（C16：0）：不同产地原料奶中棕榈酸占含量在 0.65% ～ 1.25%。⑨十七碳酸（C17：0）：不同产地原料奶中十七碳酸含量在 0.02% ～ 0.03%。⑩硬脂酸（C18：0）：不同产地原料奶中硬脂酸含量在 0.22% ～ 0.51%。⑪二十一碳酸（C21：0）：不同产地原料奶中二十一碳酸含量在 0.02% ～ 0.03%。⑫肉豆蔻烯酸（C14：1）：不同产地原料奶中肉豆蔻烯酸含量在 0.01% ～ 0.03%。⑬棕榈油酸（C16：1）：不同产地原料奶中棕榈油酸含量在 0.05% ～ 0.07%。⑭反油酸（C18：1n9t）：不同产地原料奶中反油酸含量在 0.05% ～ 0.13%。⑮油酸（C18：1n9c）：不同产地原料奶中油酸含量在 0.69% ～ 0.93%。⑯亚油酸（C18：2n6c）：不同产地原料奶中亚油酸含量在 0.04% ～ 0.09%。

表 4-3　不同产地原料奶脂肪酸含量　　　　　　　单位：%

检测项目	正蓝旗	正镶白旗	镶黄旗	苏尼特左旗	苏尼特右旗	阿巴嘎旗	西乌珠穆沁旗	东乌珠穆沁旗	锡林浩特市
丁酸（C4：0）	0.05	0.05	0.03	0.03	0.05	0.05	0.04	0.03	0.05
己酸（C6：0）	0.04	0.03	0.02	0.02	0.03	0.04	0.02	0.02	0.03
辛酸（C8：0）	0.03	0.02	0.01	0.01	0.02	0.03	0.01	0.01	0.02
癸酸（C10：0）	0.09	0.05	0.06	0.05	0.08	0.13	0.03	0.03	0.07
月桂酸（C12：0）	0.11	0.06	0.07	0.06	0.09	0.20	0.04	0.04	0.08
肉豆蔻酸（C14：0）	0.45	0.32	0.32	0.28	0.41	0.59	0.22	0.22	0.38
十五碳酸（C15：0）	0.04	0.03	0.03	0.03	0.04	0.04	0.03	0.03	0.03
棕榈酸（C16：0）	1.19	0.83	0.88	0.77	1.21	1.25	0.76	0.65	1.04
十七碳酸（C17：0）	0.03	0.02	0.02	0.02	0.03	0.03	0.02	0.02	0.03
硬脂酸（C18：0）	0.41	0.46	0.36	0.33	0.47	0.48	0.51	0.22	0.43
二十一碳酸（C21：0）	0.02	0.03	0.03	0.03	0.03	0.03	0.02	0.03	0.03
肉豆蔻烯酸（C14：1）	0.03	0.02	0.02	0.02	0.03	0.03	0.01	0.01	0.02
棕榈油酸（C16：1）	0.07	0.05	0.05	0.05	0.07	0.07	0.06	0.07	0.06
反油酸（C18：1n9t）	0.08	0.13	0.09	0.09	0.13	0.12	0.13	0.05	0.09
油酸（C18：1n9c）	0.78	0.84	0.70	0.69	0.89	0.92	0.93	0.75	0.93
亚油酸（C18：2n6c）	0.07	0.07	0.06	0.05	0.07	0.09	0.07	0.04	0.08
总脂肪酸（TFA）	3.49	3.01	2.75	2.53	3.65	4.10	2.91	2.21	3.37
饱和脂肪酸（SFA）	2.46	1.90	1.83	1.63	2.46	2.87	1.71	1.29	2.19
不饱和脂肪酸（UFA）	1.03	1.11	0.92	0.90	1.19	1.23	1.20	0.92	1.18
多不饱和脂肪酸（PUFA）	0.93	1.04	0.85	0.83	1.09	1.13	1.13	0.84	1.10
单不饱和脂肪酸（MUFA）	0.05	0.05	0.05	0.05	0.06	0.06	0.03	0.03	0.05

4.1.4　维生素

　　本研究检测了不同产地原料奶 4 种维生素含量，结果如表 4-4 所示。由结果可知，①维生素 A：各产地维生素 A 含量在 0.19 ～ 0.31 mg/kg。②维生素 E：各产地维生素 E 含量在 0.50 ～ 0.68 mg/kg。③维生素 B_1：各产地维生素 B_1 含量在 0.59 ～ 0.89 mg/kg。④维生素 B_2：各产地维生素 B_2 含量在 1.24 ～ 2.21 mg/kg。

表 4-4　不同产地原料奶维生素含量　　　　单位：mg/kg

检测项目	维生素 A	维生素 E	维生素 B_1	维生素 B_2
正蓝旗	0.19	0.53	0.59	2.03
正镶白旗	0.31	0.50	0.74	2.21
镶黄旗	0.23	0.60	0.78	1.28
苏尼特左旗	0.25	0.62	0.89	1.48
苏尼特右旗	0.22	0.61	0.82	1.65
阿巴嘎旗	0.22	0.50	0.86	1.92
西乌珠穆沁旗	0.24	0.68	0.70	1.24
东乌珠穆沁旗	0.25	0.62	0.88	1.45
锡林浩特市	0.23	0.51	0.84	1.33

4.1.5　矿物元素

本研究检测了不同产地原料奶 9 种矿物元素含量，结果如表 4-5 所示。由结果可知，原料奶含有丰富的矿物元素，其中，①钾元素：各产地钾含量在 1207.40 ～ 1736.11 mg/kg，正镶白旗含量最高，苏尼特左旗含量最低。②钠元素：各产地钠含量在 400.56 ～ 1000.01mg/kg，阿巴嘎旗含量最高，正镶白旗含量最低。③钙元素：各产地钙含量在 844.41 ～ 1284.16 mg/kg，西乌珠穆沁旗含量最高，正蓝旗含量最低。④镁元素：各产地镁含量在 105.01 ～ 140.33 mg/kg，正蓝旗含量最高，苏尼特右旗含量最低。⑤铁元素：各产地铁含量在 2.69 ～ 20.05 mg/kg，苏尼特右旗含量最高，西乌珠穆沁旗含量最低。⑥锌元素：各产地锌含量在 2.92 ～ 4.78 mg/kg，阿巴嘎旗含量最高，正蓝旗含量最低。⑦钼元素：各产地钼含量在 21.41 ～ 28.57 mg/kg，正蓝旗含量最高，苏尼特右旗含量最低。⑧铜元素：各产地铜含量在 0.71 ～ 3.29 mg/kg，镶黄旗含量最高，锡林浩特市含量最低。⑨磷元素：各产地磷含量在 0.68 ～ 0.85 mg/kg，东乌珠穆沁旗含量最高，苏尼特右旗含量最低。

表 4-5　不同产地原料奶矿物元素含量　　　　　　　单位：mg/kg

检测项目	钾	钠	钙	镁	铁	锌	钼	铜	磷
正蓝旗	1579.35	435.29	844.41	140.33	15.53	2.92	28.57	1.37	0.80
正镶白旗	1736.11	400.56	1221.79	117.33	17.72	3.05	24.03	1.54	0.70
镶黄旗	1539.28	500.95	587.80	112.32	18.79	3.90	23.16	3.29	0.74
苏尼特左旗	1207.40	960.54	981.43	127.21	10.39	3.69	26.34	2.14	0.70
苏尼特右旗	1290.88	936.29	1091.59	105.01	20.05	3.87	21.41	2.98	0.68
阿巴嘎旗	1209.20	1000.01	1155.79	117.04	3.63	4.78	24.31	1.42	0.82
西乌珠穆沁旗	1555.85	637.53	1284.16	115.86	2.69	3.63	23.98	1.13	0.84
东乌珠穆沁旗	1398.91	609.07	1210.13	106.20	5.19	3.33	21.99	1.16	0.85
锡林浩特市	1432.10	609.92	1240.49	115.78	6.52	4.36	23.75	0.71	0.82

4.2　不同产地饲草品质差异分析

4.2.1　常规营养

　　锡林郭勒不同产地饲草常规营养成分检测结果如表 4-6 所示。由结果可知，①粗蛋白：不同产地饲草粗蛋白含量范围在 7.12% ～ 17.54%，其中正镶白旗最高，东乌珠穆沁旗含量最低。②粗脂肪：不同产地饲草粗脂肪含量范围在 1.60% ～ 3.36%，锡林浩特市含量最高，苏尼特左旗含量最低。③水分：不同产地饲草水分含量范围在 5.19% ～ 5.96%，东乌珠穆沁旗含量最高，镶黄旗和苏尼特左旗含量最低。④粗灰分：不同产地饲草中粗灰分含量范围在 6.73% ～ 9.57%，正蓝旗含量最高，西乌珠穆沁旗含量最低。⑤中性洗涤纤维：不同产地饲草中性洗涤纤维含量范围在 32.43% ～ 50.72%，东乌珠穆沁旗含量最高，正蓝旗含量最低。⑥酸性洗涤纤维：不同产地饲草酸性洗涤纤维含量范围在 16.27% ～ 30.58%，东乌珠穆沁旗含量最高，正蓝旗含量最低。⑦可溶性糖：不同产地饲草可溶性糖含量范围在 5.94% ～ 9.03%，镶黄旗含量最高，苏尼特左旗含量最低。

表 4-6　不同产地饲草矿物元素含量　　　　单位：%

检测项目	粗蛋白	粗脂肪	水分	粗灰分	中性洗涤纤维	酸性洗涤纤维	可溶性糖
正蓝旗	15.82	2.65	5.73	9.57	32.43	16.27	7.14
正镶白旗	17.54	2.78	5.52	8.50	34.86	18.11	8.09
镶黄旗	14.28	3.07	5.19	7.95	35.89	12.74	9.03
苏尼特左旗	10.23	1.60	5.19	7.10	46.7	25.77	5.94
苏尼特右旗	12.01	2.58	5.65	8.39	37.52	19.52	7.95
阿巴嘎旗	11.43	3.00	5.30	9.29	43.04	23.38	8.10
西乌珠穆沁旗	9.49	2.14	5.87	6.73	43.48	28.01	7.51
东乌珠穆沁旗	7.12	2.46	5.96	8.44	50.72	30.58	8.56
锡林浩特市	15.09	3.36	5.90	8.13	35.70	18.54	7.92

4.2.2　矿物元素

本研究检测了锡林郭勒不同产地饲草 10 种矿物元素含量，结果如表 4-7 所示。由结果可知，饲草含有丰富的矿物元素，其中，①钾元素：各产地钾含量在 11 433.98 ～ 24 591.40 mg/kg，正镶白旗含量最高，苏尼特左旗含量最低。②钠元素：各产地钠含量在 2549.20 ～ 10 820.84 mg/kg，锡林浩特市含量最高，东乌珠穆沁旗含量最低。③钙元素：各产地钙含量在 4448.70 ～ 20 085.79 mg/kg，阿巴嘎旗含量最高，苏尼特左旗含量最低。④镁元素：各产地镁含量在 2587.22 ～ 7137.13 mg/kg，正蓝旗含量最高，东乌珠穆沁旗含量最低。⑤铁元素：各产地铁含量在 82.43 ～ 3828.39 mg/kg，苏尼特左旗含量最高，阿巴嘎旗含量最低。⑥锌元素：各产地锌含量在 46.78 ～ 245.16 mg/kg，正蓝旗含量最高，东乌珠穆沁旗含量最低。⑦钼元素：各产地钼含量在 75.53 ～ 209.40 mg/kg，正蓝旗含量最高，东乌珠穆沁旗含量最低。⑧铜元素：各产地铜含量在 18.12 ～ 71.75 mg/kg，正镶白旗含量最高，东乌珠穆沁旗含量最低。⑨磷元素：各产地磷含量在 0.89 ～ 2.64 mg/kg，锡林浩特市最高，东乌珠穆沁旗含量最低。

表 4-7　不同产地饲草矿物元素含量　　　　　　单位：mg/kg

检测项目	钾	钠	钙	镁	铁	锌	钼	铜	磷
正蓝旗	21 625.10	9921.27	18 599.52	7137.13	1337.37	245.16	209.40	50.76	2.33
正镶白旗	24 591.40	5408.44	14 844.19	6141.00	1557.68	214.63	184.89	71.75	1.73
镶黄旗	19 474.75	6216.97	12 007.12	5383.48	971.39	222.43	142.06	47.04	2.07
苏尼特左旗	11 433.98	3716.08	4448.70	3778.81	3828.39	65.42	145.04	20.93	4.37
苏尼特右旗	21 004.72	6966.06	15 692.41	5822.83	525.84	115.83	143.35	26.93	2.16
阿巴嘎旗	20 425.53	7696.23	20 085.79	5382.20	82.43	127.10	163.24	25.82	2.13
西乌珠穆沁旗	11 631.41	5423.16	12 719.88	2951.64	95.39	66.90	79.65	19.12	1.09
东乌珠穆沁旗	13 172.93	2549.20	4 931.67	2587.22	961.80	46.78	75.53	18.12	0.89
锡林浩特市	17 277.84	10 820.84	12 455.99	5544.13	223.99	130.43	134.67	36.26	2.64

4.2.3　氨基酸

　　锡林郭勒不同产地饲草 17 种氨基酸含量及总氨基酸、必需氨基酸和非必需氨基酸含量如表 4-8 所示。由结果可知，饲草含有丰富的氨基酸，其中，①氨基酸总量：不同产地总氨基酸含量在 5.78% ～ 15.31%，正镶白旗含量最高，东乌珠穆沁旗含量最低。②必需氨基酸：不同产地必需氨基酸含量在 2.49% ～ 5.85%，正镶白旗含量最高，东乌珠穆沁旗含量最低。③ EAA/TAA：各产地必需氨基酸占总氨基酸比例在 38.03% ～ 43.02%，东乌珠穆沁最高，镶黄旗最低。④ EAA/NEAA：各产地间必需氨基酸占非必需氨基酸含量比例在 61.37 % ～ 75.51%，东乌珠穆沁旗比例最高，镶黄旗比例最低。

表 4-8　不同产地饲草氨基酸含量　　　　　　单位：%

检测项目	正蓝旗	正镶白旗	镶黄旗	苏尼特左旗	苏尼特右旗	阿巴嘎旗	西乌珠穆沁旗	东乌珠穆沁旗	锡林浩特市
氨基酸总量	11.61	15.31	12.28	7.76	9.35	9.11	7.10	5.78	11.54
必需氨基酸	4.54	5.85	4.67	3.14	3.67	3.69	2.93	2.49	4.48
苏氨酸	0.49	0.66	0.51	0.36	0.42	0.40	0.34	0.31	0.51
缬氨酸	0.64	0.81	0.63	0.43	0.50	0.49	0.40	0.35	0.62

检测项目	正蓝旗	正镶白旗	镶黄旗	苏尼特左旗	苏尼特右旗	阿巴嘎旗	西乌珠穆沁旗	东乌珠穆沁旗	锡林浩特市
蛋氨酸	0.17	0.20	0.18	0.12	0.15	0.16	0.10	0.10	0.17
异亮氨酸	0.50	0.66	0.47	0.32	0.39	0.39	0.30	0.28	0.48
亮氨酸	1.09	1.27	1.13	0.68	0.89	0.85	0.67	0.50	1.06
苯丙氨酸	0.62	0.82	0.69	0.46	0.48	0.47	0.44	0.32	0.61
赖氨酸	0.52	0.82	0.54	0.37	0.44	0.51	0.34	0.35	0.53
组氨酸	0.52	0.63	0.53	0.40	0.43	0.44	0.35	0.30	0.51
非必需氨基酸	7.08	9.46	7.61	4.62	5.68	5.42	4.18	3.30	7.06
半胱氨酸	0.20	0.26	0.21	0.15	0.20	0.18	0.14	0.11	0.21
酪氨酸	0.42	0.56	0.49	0.29	0.36	0.31	0.33	0.21	0.42
丝氨酸	0.60	0.80	0.63	0.41	0.49	0.48	0.38	0.32	0.60
谷氨酸	2.19	3.02	2.44	1.36	1.69	1.67	1.19	0.91	2.22
脯氨酸	0.68	0.80	0.78	0.43	0.63	0.57	0.41	0.33	0.68
甘氨酸	0.56	0.73	0.56	0.40	0.46	0.45	0.37	0.32	0.54
丙氨酸	0.83	0.86	0.80	0.51	0.66	0.61	0.50	0.32	0.75
天冬氨酸	1.08	1.59	1.06	0.71	0.82	0.82	0.63	0.56	1.10
精氨酸	0.53	0.86	0.67	0.36	0.38	0.37	0.24	0.20	0.54
EAA/TAA	39.06	38.22	38.03	40.46	39.27	40.47	41.18	43.02	38.83
EAA/NEAA	64.10	61.87	61.37	67.97	64.67	67.99	70.02	75.51	63.49

4.3 不同产地饮用水品质差异分析

本研究检测了锡林郭勒不同产地饮用水 4 种矿物元素含量，结果如表 4-9 所示。由结果可知，①钾元素：各产地钾含量在 1.68 ～ 8.53 mg/kg，苏尼特右旗含量最高，正镶白旗含量最低。②钠元素：各产地钠含量在 25.81 ～ 693.08 mg/kg，苏尼特右旗含量最高，正蓝旗含量最低。③钙元素：各产地钙含量在 34.96 ～ 297.67 mg/kg，苏尼特右旗含量最高，正镶白旗含量最低。④镁元素：各产地镁含量在 14.05 ～ 183.69 mg/kg，苏尼特右旗含量最高，正蓝旗含量最低。

表4-9　不同产地饮用水矿物元素含量　　　　　单位：mg/kg

检测项目	钾	钠	钙	镁
正蓝旗	1.76	25.81	79.35	14.05
正镶白旗	1.68	63.07	34.96	16.52
镶黄旗	3.05	184.54	71.28	36.10
苏尼特左旗	4.89	44.32	43.85	18.41
苏尼特右旗	8.53	693.08	297.67	183.69
阿巴嘎旗	4.46	104.24	40.27	44.62
西乌珠穆沁旗	2.50	103.15	61.20	92.13
东乌珠穆沁旗	1.71	74.06	46.47	38.41
锡林浩特市	3.04	168.28	72.10	67.23

4.4　不同产地奶酪与原料奶关联分析

如附图4所示，根据给出的相关性系数，奶豆腐指标与原料奶指标之间具有较强关联性。其中，原料奶中的蛋白质与奶豆腐中的维生素，原料奶中的干物质与奶豆腐中的铁元素、脯氨酸、十四碳酸、十六碳酸，原料奶中的钙元素与乳糖，原料奶中的天冬氨酸与奶豆腐干物质，原料奶中的脯氨酸与奶豆腐中的十六碳酸，原料奶中的异亮氨酸与奶豆腐中的乳脂肪、谷氨酸，原料奶中的谷氨酸与奶豆腐中的干物质、十四碳酸、十六碳酸，原料奶中的乳糖与维生素A，原料奶中的锌元素与奶豆腐中的干物质，原料奶中的丝氨酸与十六碳酸显著正相关。原料奶中的干物质与奶豆腐中的乳糖，原料奶中的镁元素与奶豆腐中的乳糖，原料奶中的铁元素与奶豆腐中的乳糖、原料奶中的铁元素与奶豆腐中的顺 –9– 十八碳一烯酸、顺，顺 –9,12– 十八碳二烯酸，原料奶中的维生素A与奶豆腐中的顺 –9– 十四碳一烯酸、十五碳酸、十六碳酸、维生素A 与 顺 –9– 十六碳一烯酸、十八碳酸、顺 –9– 十八碳一烯酸强负相关。

4.5　本章小结

经检测，奶酪不同产地原料奶品质优势如下所示。

（1）正蓝旗：干物质和乳糖含量较高；脂肪酸组成相对均衡。

（2）正镶白旗：油酸、亚油酸含量较高；维生素 A 和维生素 B_2 含量较高；钾含量丰富。

（3）镶黄旗：铜含量明显较高。

（4）苏尼特左旗：乳糖含量相对较低；维生素 B_1 含量相对较高。

（5）苏尼特右旗：脂肪含量最高；在氨基酸总量和 EAA 含量上表现良好。

（6）阿巴嘎旗：干物质含量最高；EAA 含量以及多个具体氨基酸上均显示出优势；总脂肪酸、饱和脂肪酸、不饱和脂肪酸含量较高，尤其是亚油酸、油酸含量；锌含量最高。

（7）西乌珠穆沁旗：在 EAA/NEAA 比例上具有显著优势，表明其氨基酸组成中必需氨基酸的比例很高；维生素 E 含量较高；钙含量上明显较高。

（8）东乌珠穆沁旗：各项指标含量均衡。

（9）锡林浩特市：各项氨基酸指标表现相对均衡；油酸、亚油酸含量较高。

经检测，奶酪不同产地饲草品质各项检测指标存在一定的差异。其中，正镶白旗在粗蛋白上表现优异，而镶黄旗在粗脂肪和可溶性糖上表现较好；正镶白旗钾含量、阿巴嘎旗钙含量、正蓝旗镁含量和锌含量、苏尼特左旗铁含量较高；正镶白旗总氨基酸和必需氨基酸含量较高、西乌珠穆沁旗与阿巴嘎旗 EAA/TAA 比例较高、东乌珠穆沁旗 EAA/NEAA 比例较高。奶酪不同产地饮用水品质检测结果表明，苏尼特右旗在钾、钠、钙、镁 4 种矿物质的含量较高，上述结果差异可能与地区的自然环境、气候、土壤条件以及种植或养殖的品种有关。

第5章

结　论

5.1　奶酪品质情况

本次锡林郭勒奶酪品质评鉴项目，主要针对 9 个主产区，162 个样本，182 个指标进行了检测，采集时间为 2022 年 4—5 月。通过对所有检测结果进行整理分析，得出以下主要结论。

5.1.1　锡林郭勒各产地奶豆腐品质情况

（1）正蓝旗产地的奶豆腐在氨基酸和脂肪酸方面表现优异，含有较高的总氨基酸、必需氨基酸和不饱和脂肪酸，其中苏氨酸、缬氨酸、亮氨酸、苯丙氨酸、赖氨酸和组氨酸等必需氨基酸含量均高于其他产地，癸酸、月桂酸、棕榈酸、硬脂酸和油酸等主要脂肪酸含量也较高，维生素 E 含量最高，具有更好的抗氧化作用。

（2）正镶白旗产地的奶豆腐在维生素 A 和钼元素方面表现优异，维生素 A 是一种重要的抗感染因子，钼元素是一种参与代谢的矿物元素，对人体健康有益。

（3）镶黄旗产地的奶豆腐在亚油酸和钠元素方面表现优异，亚油酸是一种必需的多不饱和脂肪酸，可以降低血液中的胆固醇和甘油三酯含量，预防心血管疾病，钠元素是一种维持体液平衡和神经肌肉功能的电解质。

（4）苏尼特左旗产地的奶豆腐在蛋白质和锌元素方面具有较高的含量，表明其可能具有较好的增强抵抗力的作用。

（5）苏尼特右旗产地的奶豆腐在乳糖和维生素 B_1 方面具有较高的含量，表明其具有较好的促进消化吸收和维持神经系统正常功能的作用。

（6）阿巴嘎旗产地的奶豆腐在脂肪、总脂肪酸、饱和脂肪酸和肉豆蔻酸方面具有较高的含量，表明其可能具有较高的能量价值和风味特点。

（7）西乌珠穆沁旗产地的奶豆腐在丁酸和维生素 B_2 方面具有较高的含量，表明其可能具有较好的抑制致病菌生长和保护视力的作用。

（8）东乌珠穆沁旗产地的奶豆腐在缬氨酸、亮氨酸、苯丙氨酸、谷氨酸和天冬氨酸方面具有较高的含量，表明其可能具有较好的调节神经递质和提供能量物质的作用。

（9）锡林浩特市产地的奶豆腐在钾元素、钙元素、镁元素和磷元素方面具有较高的含量，表明其可能具有较好的维持电解质平衡和促进骨骼健康的作用。

综上所述，锡林郭勒盟各产地奶豆腐都具有各自不同的营养品质特征，可以根据不同人群的需求选择合适的奶豆腐品种。

5.1.2　锡林郭勒各产地毕希拉格品质情况

（1）正蓝旗的毕希拉格在脂肪、总脂肪酸、饱和脂肪酸、不饱和脂肪酸、多不饱和脂肪酸、维生素 B_2 等指标上均高于其他产区，表明该产区的毕希拉格具有较高的能量和抗氧化能力。

（2）正镶白旗的毕希拉格在反油酸、油酸、铁元素、锰元素等指标上均高于其他产区，表明该产区的毕希拉格具有较好的降低血压和血脂、促进造血和抗疲劳的作用。

（3）镶黄旗的毕希拉格在棕榈酸、钾元素、镁元素、钼元素等指标上均高于其他产区，表明该产区的毕希拉格具有较强的增强免疫力和调节神经系统功能的作用。

（4）苏尼特左旗的毕希拉格在乳糖、钠元素、锌元素、铜元素等指标上均高于其他产区，表明该产区的毕希拉格具有较好的促进消化吸收和维持水电解平衡、增强皮肤和骨骼健康的作用。

（5）苏尼特右旗的毕希拉格在硬脂酸、亚麻酸、维生素 B_1 等指标上均高于其他产区，表明该产区的毕希拉格具有较好的降低胆固醇和血糖、预防神经退行性疾病和心血管疾病的作用。

（6）阿巴嘎旗的毕希拉格在棕榈油酸、钙元素等指标上均高于其他产区，表明该产区的毕希拉格具有较好的促进钙吸收和利用、预防骨质疏松和牙龈出血的作用。

（7）西乌珠穆沁旗的毕希拉格在亚油酸等指标上高于其他产区，表明该产区的毕希拉格具有较好的抑制炎症反应和调节血液凝固功能的作用。

（8）东乌珠穆沁旗产区的毕希拉格含有较高的蛋白质和维生素 E，这些成分可以提供人体所需的氨基酸，增强肌肉力量，抗氧化，保护细胞膜。

（9）锡林浩特市的食物成分具有较高的营养价值，可以满足人体的多种需求。维生素 A 是一种脂溶性维生素，对眼睛、皮肤、黏膜和免疫系统有重要作用。磷元素是一种无机元素，参与了人体的能量代谢、骨骼形成和神经传递等过程。

5.1.3　锡林郭勒各产地楚拉品质情况

（1）正蓝旗的楚拉样品富含总氨基酸和必需氨基酸，同时含有较高的维生素 A、维生素 E 和维生素 B_1。氨基酸是蛋白质的基本组成单位，对人体生长发育、修复组织以及支持免疫系统功能至关重要。必需氨基酸是人体无法自行合成的，需要从食物中获得。维生素 A 在维持视力、促进生长发育、维护皮肤和黏膜健康、增强免疫系统方面起着重要作用。维生素 E 是一种抗氧化剂，有助于保护细胞膜免受氧化损伤，维护心血管和免疫系统健康。维生素 B_1 也称为硫胺素，参与能量代谢过程，有助于神经系统和心脏功能的正常运作。

（2）正镶白旗的楚拉样品富含铁元素，是血红蛋白的组成部分，对血液的运输氧气至关重要。

（3）镶黄旗的楚拉样品含有较高的乳糖和钾元素。乳糖是乳制品中的主要糖分，对于牛奶消化吸收和乳制品消化系统健康具有重要作用。钾是维持正常细胞功能、维持心脏节律、调节血压和水平衡的重要电解质。

（4）苏尼特左旗的楚拉样品富含总氨基酸和必需氨基酸，同时含有较高的维生素 E 和锌元素。锌在免疫功能、蛋白质合成、细胞分化和生长发育中扮演重要角色。

（5）苏尼特右旗的楚拉样品富含钠元素和镁元素。钠是维持体液平衡、神经传导和肌肉功能的重要电解质。镁参与许多酶反应和维持神经肌肉功能，对心血管系统、骨骼健康和能量代谢起着重要作用。

（6）阿巴嘎旗的楚拉样品富含蛋白质和钙元素。蛋白质是构成身体组织的基本组成部分，对于维持组织结构和功能、酶和激素的合成以及免疫系统的健康至关重要。钙对于骨骼和牙齿的健康发育、维持正常心脏功能、神经传导以及肌肉收缩都起到重要作用。

（7）西乌珠穆沁旗的楚拉样品富含多种脂肪酸。而脂肪酸是能量的重要来源，也是构成细胞膜的基本组成单元，对神经系统和细胞功能起着重要作用。

（8）锡林浩特市楚拉样品富含总氨基酸，包括多种必需氨基酸。

5.1.4　锡林郭勒各产地酸酪蛋品质情况

（1）正蓝旗的酸酪蛋功能优势在于其高脂肪含量，可以提供丰富的能量。

（2）正镶白旗的酸酪蛋具有多种功能优势：高蛋白质含量使其成为良好的蛋白质来源，有助于肌肉生长和修复。丰富的总氨基酸含量有助于维持身体正常的代谢功能和组织修复。高含量的钾、钠、钙和镁等矿物元素有益于维持心脏功能、骨骼健康和神经传导等方面的正常功能。

（3）镶黄旗的酸酪蛋功能优势在于其富含铁元素，能够提供血红蛋白合成所需的铁，有助于预防缺铁性贫血。

（4）苏尼特左旗的酸酪蛋功能优势来自维生素 B_2，维生素 B_2 在能量代谢中起重要作用，对皮肤、眼睛和神经系统健康也至关重要。

（5）阿巴嘎旗的酸酪蛋功能优势在于其富含乳糖和维生素 B_1。乳糖是乳制品中的天然糖分，有助于促进肠道健康。维生素 B_1 参与能量代谢和神经功能的调节。

（6）西乌珠穆沁旗的酸酪蛋功能优势在于其富含锌元素，锌是许多酶的组成部分，参与许多生理过程，包括免疫功能、蛋白质合成和 DNA合成。

（7）锡林浩特市的酸酪蛋功能优势来自其高总氨基酸含量，尤其是脯氨酸、苏氨酸和缬氨酸。这些氨基酸在肌肉修复和合成、免疫调节以及脂肪代谢过程中起重要作用。此外，酸酪蛋中的维生素 A 有助于维持视力、免疫系统和细胞分化。

综上所述，锡林郭勒盟各主产区的酸酪蛋具有不同的功能优势，可以提供丰富的能量、蛋白质、氨基酸、矿物元素和维生素，有助于维持身体各系统的正常功能和健康。

5.2 不同品种奶酪优势指标比较

5.2.1 常规营养

奶豆腐在脂肪含量较低的同时，适合追求低脂饮食人群；毕希拉格在蛋白质和干物质含量上都表现出色，是一个理想的蛋白质来源；楚拉蛋白质和干物质优于其他奶酪，可为人们提供丰富的营养；酸酪蛋在脂肪含量方面突出，适合需要增加脂肪摄入的人群（图 5-1）。

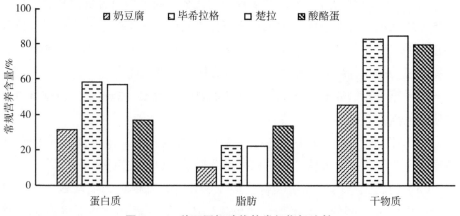

图 5-1　4 种不同奶酪优势常规指标比较

5.2.2　氨基酸成分

不同奶酪在缬氨酸、亮氨酸、赖氨酸、组氨酸、谷氨酸、脯氨酸等几个氨基酸方面具有较明显的优势。根据图 5-2 可知,毕希拉格和楚拉在大多数氨基酸的含量上表现出色,是一个全面的氨基酸来源。楚拉在谷氨酸、脯氨酸和大多数氨基酸的含量上具有优势。奶豆腐在脯氨酸的含量上相对较高。这些氨基酸在身体中具有各自独特的功能和重要性,不同奶酪对于提供丰富的氨基酸供给方面有所差异。根据个人的营养需求和饮食偏好,选择富含特定氨基酸的奶酪可以有助于维持身体的健康和功能。

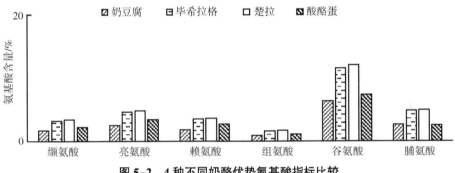

图 5-2　4 种不同奶酪优势氨基酸指标比较

5.2.3　矿物元素与维生素

各类奶酪的矿物元素和维生素含量各有强弱(图 5-3,图 5-4)。毕希拉格在磷、钾、钠、钙、镁等多种矿物质的含量上都较高。楚拉在铁、镁、钼、锌、铜等矿物质上的含量较为突出。酸酪蛋在钾和维生素 A 的含量上最高。酸酪蛋在维生素 A 和维生素 B_1 的含量上最高。毕希拉格在维生素 E 和维生素 B_2 上的含量相对较低。

总的来说,毕希拉格和楚拉在蛋白质、氨基酸和多种矿物质上的含量较高,可能更适合需要高蛋白和矿物质的人群。酸酪蛋的脂肪含量最高,且钾和维生素 A 的含量也较高,可能适合需要额外脂肪和维生素 A 的人群。奶豆腐虽然蛋白质含量也较高,但在其他营养成分上与毕希拉格和楚拉相比略显不足。

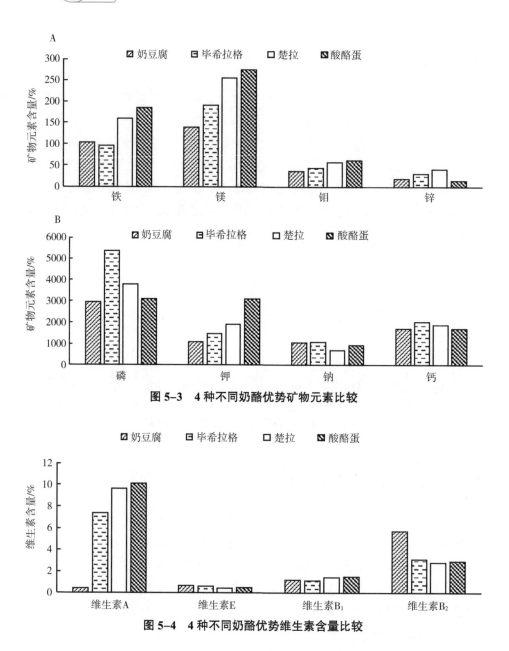

图 5-3　4 种不同奶酪优势矿物元素比较

图 5-4　4 种不同奶酪优势维生素含量比较

参考文献

蔡琳飞, 李键, 陈炼红, 2015. 我国奶酪产品研究现状及分析 [J]. 中国乳品工业, 43 (7): 4.

陈臣, 聂航鑫, 于海燕, 等, 2022. 奶酪中挥发性硫化物的风味贡献, 检测方法及其生物合成调控的研究进展 [J]. 食品安全质量检测学报 (18): 5779-5785.

陈历俊, 薛璐, 2008. 中国传统乳制品加工与质量控制 [M]. 北京: 中国轻工业出版社.

陈历俊, 姜铁民, 2013. 我国乳品行业现状与发展趋势探讨 [J]. 食品科学技术学报, 31 (4): 1-5.

仇俊杰, 李孝忠, 2022. 中国奶酪产业发展现状与对策研究 [J]. 乳品与人类 (6): 4-13.

宫俐莉, 王蓓, 王绒雪, 等, 2017. 奶豆腐发酵期间挥发性风味组分变化及其感官品质分析 [J]. 食品科学, 38 (24): 81-86.

李昂, 李键, 孙青, 等, 2017. 我国霉菌奶酪产品研究现状及分析 [J]. 中国乳品工业, 45 (10): 3.

刘一凡, 2020. 中国奶酪市场现状及趋势分析 [J]. 中国乳业 (4): 3.

罗俏俏, 马江, 曹磊, 等, 2018. 干酪中主要风味物质的研究进展 [J]. 食品与发酵科技, 54 (1): 5.

马艳丽, 曹雁平, 杨贞耐, 等, 2013. SPME-GC-MS 检测不同中西方奶酪的挥发性风味物质及比较 [J]. 食品科学, 34 (20): 103-107.

麦日艳古·亚生, 伊力米热·热夏提, 努尔古丽·热合曼, 2023. 北疆传统发酵生奶酪中乳酸菌的耐受性及益生特性测定 [J]. 微生物学通报, 50 (5): 2044-2062.

漆嫚, 2024. 一种奶酪及其制作方法: 202211164163.4 [P]. 2024-06-13.

史明, 2015. 三种天然奶酪加工技术 [J]. 新疆畜牧业 (2): 4.

武爱群，2018.奶酪的营养价值及国内消费市场培育研究［J］.食品安全导刊
（21）：2.

肖芳，朱建军，翁庭钰，等，2021.贮藏过程中锡林郭勒盟传统奶豆腐和奶
皮子的微生物数量变化分析［J］.农产品加工（21）：4.

谢爱英，张税丽，李兴光，等，2008.干酪加工工艺的国内研究现状［J］.食品
科技（9）：71-74.

徐伟良，郭元晟，王福超，等，2021.锡林郭勒奶酪中优良菌株的筛选及奶
豆腐制作［J］.农业与技术（22）：41.

张晶，2024.中式奶酪的制作工艺：201410620761.7［P］.2024-06-13.

郑晓吉，刘飞，任全路，等，2018.基于SPME-GC-MS法比较新疆哈萨克族
不同居住区奶酪风味差异［J］.食品科学，39（8）：7.

周俊清，林亲录，邓靖，2005.奶酪的营养价值［J］.中国食物与营养（2）:3.

锡林郭勒奶酪相关标准

一、DB15/T 1983—2020《蒙古族传统奶制品　术语》

http://down.foodmate.net/standard/sort/15/87313.html

注：网站为标准全文获取地址，扫描二维码可直接观看全文，下同。

二、DB15/T 1984—2020《蒙古族传统奶制品　浩乳德（奶豆腐）生产工艺规范》

http://down.foodmate.net/standard/sort/15/87333.html

三、DB15/T 1985—2020《蒙古族传统奶制品　毕希拉格生产工艺规范》

http://down.foodmate.net/standard/sort/15/87334.html

四、DB15/T 1986—2020《蒙古族传统奶制品　楚拉生产工艺规范》

http://down.foodmate.net/standard/sort/15/87335.html

五、DB15/T 1987—2020《蒙古族传统奶制品　阿尔沁浩乳德（酸酪蛋）生产工艺规范》

http://down.foodmate.net/standard/sort/15/87336.html

六、DBS15/001.3—2017《食品安全地方标准　蒙古族传统乳制品　第3部分：奶豆腐》

http://down.foodmate.net/standard/sort/15/52255.html

七、DBS15/005—2017《食品安全地方标准 蒙古族传统乳制品 毕希拉格》

http://down.foodmate.net/standard/sort/15/52256.html

八、DBS15/006—2016《食品安全地方标准 蒙古族传统乳制品 酸酪蛋（奶干）》

http://down.foodmate.net/standard/sort/15/50348.html

九、DBS15/007—2016《食品安全地方标准 蒙古族传统乳制品 楚拉》

http://down.foodmate.net/standard/sort/15/50349.html

聚类分析与关联分析彩图

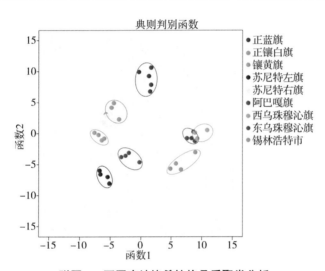

附图 1 不同产地毕希拉格品质聚类分析

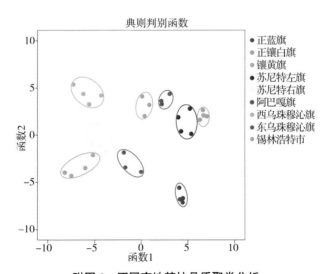

附图 2 不同产地楚拉品质聚类分析

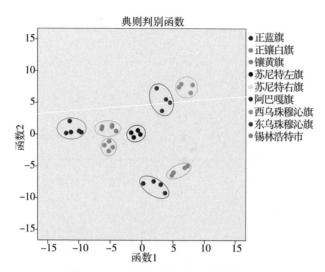

附图 3　不同产地奶豆腐品质聚类分析

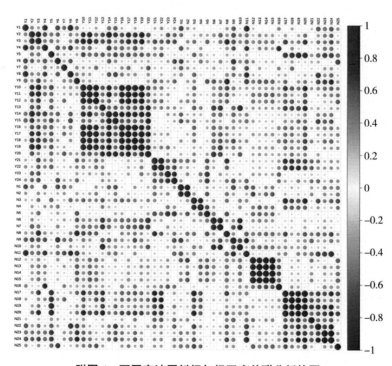

附图 4　不同产地原料奶与奶豆腐关联分析热图